Taka 著

秀和システム

注　意

1. 本書は著者が独自に調査した結果を出版したものです。
2. 本書は内容に万全を期して作成しましたが、万一誤り、記載漏れなどお気づきの点がありましたら、出版元まで書面にてご連絡ください。
3. 本書の内容に関して運用した結果の影響については、上記にかかわらず責任を負いかねますのであらかじめご了承ください。
4. 本書およびソフトウェアの内容に関しては、将来予告なしに変更されることがあります。
5. 本書の一部または全部を出版元から文書による許諾を得ずに複製することは禁じられています。

商　標

・iPhone、iMovieは、Apple Inc.の米国およびその他の国における商標または登録商標です。iPhoneの商標はアイホン株式会社のライセンスにもとづき使用されています。
・QRコードは株式会社デンソーウェーブの登録商標です。
・その他、CPU、ソフト名は一般に各メーカーの商標または登録商標です。
・本書に登場するシステム名称、製品名等は一般に各社の商標または登録商標です。
・本書に登場するシステム名称、製品名等は一般的な呼称で表記している場合があります。
・本書では©、TM、®マークなどの表示を省略している場合があります。

映像について

・Chapter4、Chapter5の動画は福井県立恐竜博物館に許可を頂いた映像で動画編集を行っています。

はじめに

本書は、iPhoneでたくさん記念撮影をされてこられたみなさんの、思い出の写真や動画を使って、人に見せてあげたくなるような動画を編集していただきたいという想いから執筆しました。

動画編集というのは一般の方がいきなり始めるにはとても敷居の高いもので、かつては初心者向けといわれるアプリでさえ難しいものでした。

しかし、昨今では本当に取っ付きやすいアプリが出揃ってきており、しかもでき上がる内容はプロ級とまでは行かなくても、十分に世に出せるようなクオリティのものが仕上がるようになってきました。

本書は、iPhoneだけで動画を撮影し、そのままiPhoneだけで加工・編集ができてしまう新時代の動画編集にふさわしい新しい考え方が持ち込まれた“Clips”の使い方を丁寧に解説しています。

さらに“Clips”からステップアップし、より自分好みの動画編集を行いたい方のために“iMovie”の最新機能を使って、作る側も見る側も楽しく、簡単でクオリティの高い動画編集を、追加の費用をかけずにチャレンジできる方法も紹介しています。

時代が進むにしたがってこれらのツールも進化してきました。

一度チャレンジしたことがある方にとっても新しい発見があることを願っています。

本書では、動画編集以外にも、筆者が運営しているYouTubeチャンネル『ためになるAppleの話』（https://www.youtube.com/AppleTakaChannel）をご覧になって頂いている方に向けて、YouTube動画で取り扱った情報や、本書で初出しのApple製品に関連した情報を“ためになる話”としてまとめました。

本書を手に取って頂いたあなたが

「iPhoneを持っていて良かった」
「今までよりも使うのが楽しくなった」

と感じていただけるようになると幸いです。

Taka

これ1冊でOK! iPhoneだけで今すぐはじめる動画編集 目次 Contents

Chapter 1 作った動画は公開してナンボ!

Chapter 2 標準カメラを使って素材を撮影する

Chapter 3 動画撮影編集入門アプリ「Clips」を使おう！

Chapter 5 本格編集の登竜門「iMovie」タイムライン編集に挑戦！

Chapter 1

作った動画は公開してナンボ！

公開先別動画の特徴を知ろう！

さて動画の編集方法をご説明していきますと言いたいところですが、その前に本書を手に取っていただいた方は、何か目的があって本書を開いているのではないでしょうか？

動画編集をして作ったものを、誰にも見せずに保管しておくという方も中にはいらっしゃるかもしれませんが、おそらくかなり少数でしょう。

多くの方は、編集した動画を家族や友人親しい人、もしくはSNSなど不特定多数の目に触れるところにアップロードして公開するということを考えるのではないでしょうか？

もしかしたら、今使っているサービスなどがあり、何か動画を投稿できたらいいなと思っている場合もあるかもしれません。

ここではSNSに限らずプライベートなものまで、その公開先をご紹介し、どのような動画が好まれているか、もしくは適切かということをご説明していきます。

プライベート

本書のメインターゲットとしている部分であり、iPhoneを持つ方々がもっとも多く作成するであろう動画がプライベート用の動画ではないかと思います。

記念撮影として撮影した動画1つも編集こそしていなくてもこのプライベート動画に当てはまります。

編集するということは、誰かに見せたいという思いがあってのことだと思います。

プライベートな関係性の身近な方に動画を公開する場合でも、相手がどう感じるかを想定しておくと良いでしょう。

基本的にホームビデオ形式やストーリーのあるタイプの動画が中心だと思います。

ためになる話

iPhoneのガラスパネルには撥油コーティングという処理がされています。近頃はフィルムをつける方が多いので気づかないと思いますが、実はポケットに入れるだけでガラスがピカピカになります。

Twitter

140文字の中で思ったことをつぶやきという形で発信するサービスであり動画の投稿機能がありますが、サービスの性質上Twitterに動画をあげる場合、数十分の動画をあげるには適していません。

また、Twitterのユーザーは面白いと感じることに敏感な傾向があるので、面白い写真と同じ感覚で、1分以内の短く笑えるような動画や感心する動画が好まれます。

プライベートな動画でも面白いアクシデントがあった場合は、そのまま上げるだけでも話題になる場合もありますので、興味がある方は話題になりそうな動画が撮れたら上げると良いと思いますし、本書で得られた編集テクニックを使って見やすく感情を動かしやすいようにしてから出すことができればさらに良いと思います。

Instagram

元々は写真中心の投稿サービスですが、動画にも対応しています。

インスタ映えなどという言葉があるように、ユーザーは映像の美しさを重視している傾向のあるサービスです。

Twitterよりは少し長めの動画も受け入れられるようですが、原則としてはパッとみてパッと綺麗だと思うようなわかりやすさが重要視されます。

幻想的な動画などが撮影できた場合はぜひInstagramに投稿も検討されたら良いかと思いますし、そこにストーリーなどの演出を付けられれば、より周りのユーザーの話題になるかと思います。

＼ためになる話／

iPhone 12シリーズから採用されたCeramic Shield（セラミックシールド）というガラスはとても硬いのですが、割れるということは防げません。ガラスのコップとプラスチックのコップでもおわかりいただけるかと思います（次ページへ続く）。

TikTok

1分以内の動画を次々と再生していくサービスです。

TikTokは1分間という制約の中で、動画を投稿するのですが、多くのユーザーはTikTokアプリ上で撮影してそのまま公開しています。

これはTikTokのアプリ自体に動画を楽しく演出する機能が盛り込まれているからです。

また独特の文化としてはBGMを重要視している傾向があり、TikTok内で自由に使える音楽を付与する機能も存在しており、それにより独自の雰囲気を作り出しています。

当初は若年層が多かったTikTokですが、徐々に年齢層も上がっており投稿されるジャンルもお遊びのようなものだけではなく、役に立つような動画も増えてきました。

YouTube

YouTubeは世界最大規模の動画投稿サイトです。

エンタメ系や、ためになる動画、商品紹介など多彩な動画が投稿されています。

YouTubeが設定した条件を満たすと動画に広告をつけることができるので、収益目的の動画も上がっており、そのため動画のクオリティも他のSNSに比べて高い場合が多いです。

YouTubeへの動画投稿にはさまざまな準備が必要ではありますが、全ての第一歩は自分のカメラで撮影した映像を編集することから始まります。

YouTubeはゴールではありませんが、本書で学んだ基礎の先には例えばYouTubeや商業向けの動画制作なども存在しています。

＼ためになる話／

（前ページから）ではセラミックシールドのメリットはなんでしょう？　それは傷に強いのです。これもガラスとプラスチックの違いを見れば一目瞭然ですよね。目的がわかれば価値を見失わずに済みます。

あなたの作りたい動画の種類は？

作った動画の使い道は前述しました。それらに公開もしくは保管しておく動画にもいくつか種類があります。

主に不特定多数の人に見せるための動画と、自分もしくは家族など親しい人に共有するもので、大きく種類が異なりますが、どのような種類がありどのようなものなのかを把握できれば、自然と切り分けもできるようになるはずです。

思い出をより良く残す（ホームビデオ）

ホームビデオはおそらくあなたのiPhoneに一番保存されている動画ではないでしょうか。

旅行の思い出や誰かとの記念撮影、もしくはお子さんの運動会や卒業式など、さっとiPhoneを取り出して撮影したものも立派なホームビデオです。

さらに本書ではそれを発展させ、編集で繋ぎ合わせて1本の流れがある動画を作成したものもホームビデオと読んでいます。

旅行であれば一緒に行った人たちにも共有して旅の思い出を一緒に振り返ったり、感動的な人生の1ページを忘れないように、もしくはさらに感動的なものにするために、本書で紹介するいくつかの方法が役に立ちます。

気持ちを伝える（メッセージビデオ）

メッセージビデオは、誰かに何かを伝えるために特別に作成したビデオです。

もっとも良くあるパターンとしては、お世話のなった上司や同僚に職場のみんなから一言ずつメッセージを話す様子を繋げた動画などです。

特別に編集テクニックや知識などは必要ありませんがBGMを挿入したり、無駄な流れをカットしてスムーズに仕上げるだけで十分な仕上がりになるため、本書で

ためになる話

iPhoneの本体の中身は大部分がバッテリーです。およそ65%程度バッテリーが占めていてその隙間にコンピュータの心臓部分が詰まっています。小さく詰め込むというのはとても難しい技術です。

紹介する編集方法の中でも初歩の部分だけでもしっかり習得して必要な時に使えるようにしてください。

人物の魅力を伝える（ポートレート）

ポートレートとは主に人物を中心に撮影したものであり、見ただけでその人物の魅力が伝わるような動画です。

iPhoneの標準カメラアプリには写真撮影においてポートレートモードという撮影方法があります。

写真のポートレートモードというのは一眼レフで撮影したような背景がボケたような効果をつけることができ、人物を強調した写真が撮れます。

さらに、2021年9月に発売されたiPhone 13ではポートレート向けの動画を作るための新機能としてシネマティックモードが搭載され、動画の背景ボケやピントの移動が可能になりました。

背景がボケているからポートレートだと勘違いする方もいらっしゃいますが、背景がボケることによって人物が引き立ちより魅力的に見えるというのが本来の目的ですので、人物の魅力が伝わるようになっているものがポートレートと言えるのです。

モノの魅力を紹介（商品撮影）

自社製品や個人的に購入したものを紹介するなど、モノの魅力が伝わるような動画です。

ほとんどの場合動かないものを撮影するので、カメラアングルやカメラの動きなどで動画としてクオリティをあげているものが多いです。

YouTubeなどの商品紹介は自分が使った時の使用感などを解説している動画が多くその場合は商品でなく自分自身などを撮影している場合もあり、その場合はポートレートの手法が使われていたりもします。

ためになる話

iPadはその大きな本体に大きなバッテリーを搭載してます。そのためバッテリーがなくなるまでの時間がとても長いだけでなくiPhoneで培われた省電力と合わさってロングライフバッテリーを実現しています。

カメラの写り込みや照明ななどに工夫をしてより良く撮ることが重視される場合が多いことと、個人的な撮影というよりも撮影して人に見せることを前提としています。

わかりやすく伝える（解説ビデオ）

何かを解説するビデオは、カメラで撮影した素材だけでなく、直接動画の中に画像を入れたりする場合もあり、編集方法がとても多彩です。

本書ではこれらについて詳しく解説はしていませんが、プライベートなホームビデオから脱却して、価値のあるビデオを作成する段階となった時に必要な知識が問われます。

私TakaはYouTubeでApple製品の使い方を解説するビデオを公開していますが、大部分の動画がiPhone1つで撮影しており、編集はiPadで行っています。

説明はプレゼン形式で行うことで、編集過程で加工が必要ないように工夫して生産性を向上しています。

まるで映画（ストーリービデオ）

一度は映画を作ってみたいと考えている方もいらっしゃるかもしれません。

何か1つのストーリーを表現するための動画は、動画作りのあらゆるテクニックが必要ですが、実はホームビデオから次のステップはこのストーリービデオでもあると考えています。

事実を並べたホームビデオから演出を加えて、見る人の気持ちを動かせるようになるだけでも立派なストーリーですし、そのためのテクニックを習得できればさらにその演出効果は高まるでしょう。

上級編のようなテクニックは本書では紹介しませんが、覚えれば誰でも使えるテクニックは確かに存在しますので、本書でもご紹介していきます。

ためになる話

HomePodには7基のマイクが搭載されており、自身が発した音が壁に跳ね返るその音を観測することで、自動的に各スピーカーから発する音を調整して現在の位置でもっとも音が自然に広がるように自立調整します。

＼ためになる話／

ホームボタンがないタイプの iPhone でスクリーンショットを撮る場合は、スリープボタンと電源オフボタンを同時に押します。覚え方は“上から摘むように持つ”と覚えましょう。ピンと来ませんか？　実際にやってみてください。
“上から摘む”操作は実は電源をオフにする時にも使えます。これを覚えていない場合は、“設定 → 一般 → システム終了”でも実施することができますが、ボタン操作は簡単ですのでぜひ覚えておくと良いでしょう。

Chapter 2

標準カメラを使って素材を撮影する

01 標準カメラの動画撮影機能

あなたが今持っている iPhone に搭載されているカメラは、単なる映像を記録する部品ではありません。

カメラのレンズから入ってきた光を映像化し、その映像を iPhone に搭載された優秀なコンピュータが、今映像に写っているものが人なのか、物なのか、被写体までの距離はどれくらいなのか、1秒間に数億回の計算ができる処理装置によって、より美しくより見やすくなるように自動的に瞬時に加工したものが、iPhone の写真アプリに記録されているのです。

そしてそのコンピュータでは自然に撮影できる動画に限らず、肉眼では捉えることのできない映像ならではの撮影方法が可能となっています。

ビデオ撮影モード

おそらくあなたが今までもっとも多く使い、そして今後ももっとも多く使う動画撮影方法が、ここでご紹介する通常のビデオ撮影です。動画撮影を行うためには iPhone 標準搭載のカメラを使用するのが一般的です。

標準のカメラはみなさんの iPhone に必ずインストールされていますので、基本的にシャッターチャンスを逃さないためにも、使いやすい位置に配置しておくことをオススメします。

ためになる話

iPhone のマナースイッチでオレンジのマークがどちらにあるか覚えていますか？　スイッチを後ろからスクリーンに向かって前に倒した場合、マナーはオフになります。つまり前に向かって音を出すというイメージです（次ページへ続く）。

①カメラアイコンは使いやすい位置に配置しましょう

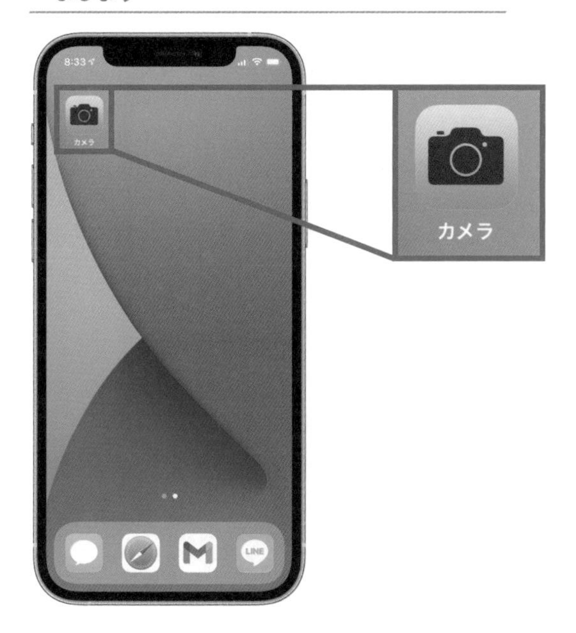

カメラアプリを起動すると標準では、写真を撮影するモードで起動します。しかし今回は動画の素材を撮影することが目的ですので、写真撮影モードからビデオ撮影モードに変更します。

ためになる話

（前ページから）一方スクリーン側から後ろ側に倒した場合は、後ろに向かって音を引いているというイメージで考えていただけると、ポケットの中などにiPhoneがある状態でもマナースイッチを間違えずに操作できます。

①カメラを立ち上げると初期状態では写真になっています

②ビデオをタップしてビデオ撮影モードに変更します

スローモーションあれば憂いなし

カメラアプリでは通常のビデオ撮影だけでなく、スローモーションで動画を撮影することができます。

例えばお子さんのいるご家庭では運動会やスポーツ大会、ご家族や大事な人とのレジャーの中で特に動きを伴うアクティビティや楽しいアクシデントが期待できそうなシーンの撮影に適しています。

スローモーションの撮影はカメラアプリを起動して、スロー撮影モードまで撮影モードを変更します。

＼ためになる話／

iPhone は初期状態ではホーム画面上で音量ボタンを操作すると通知オンや着信音を増減させることができます。動画などを再生している時に音量ボタンを操作するとメディア音量を操作できます（次ページへ続く）。

①カメラを立ち上げると初期状態では写真になっています

②スローをタップしてスロー撮影モードに変更します

スローモーション撮影は、通常のビデオ撮影と比べて1秒間に記録するコマ数を多く撮影し、再生させる時のコマ数を通常と同じコマ数で再生することにより、映像をスローモーションで撮影しています。

①スローモーションの仕組み

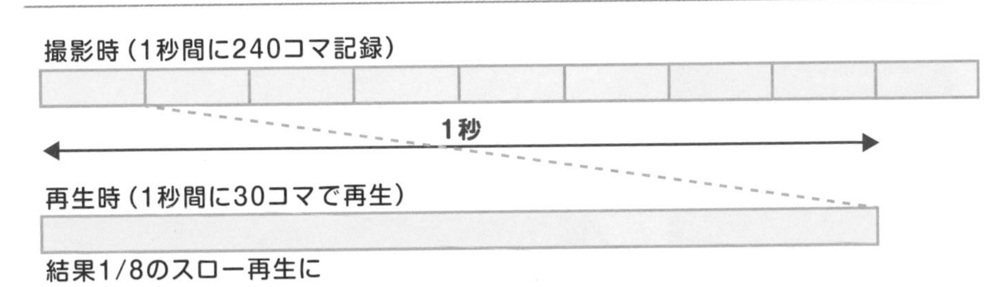

スローモーション撮影は、1つの動画の全てをスローモーション可能な状態で撮影した上で、もっとも効果的な部分のみ遅く再生してみせるという方法を採用して

＼ためになる話／

（前ページから）“設定 → サウンド”で音量ボタンはメディア音量のみ操作するように変更できます。この時のオススメ設定は通知音量は最大にしておき、音を出したくない場合はマナースイッチで対応すると良いと思います。

いますが、この遅くみせる範囲は撮影した後に標準機能で変更することができます。

①写真アプリでスロー撮影した動画を表示して編集をタップします

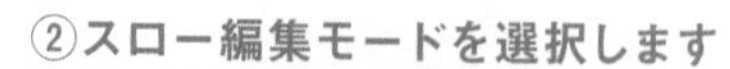

②スロー編集モードを選択します

③つまみを指でスライドしてスローになる範囲を決めます

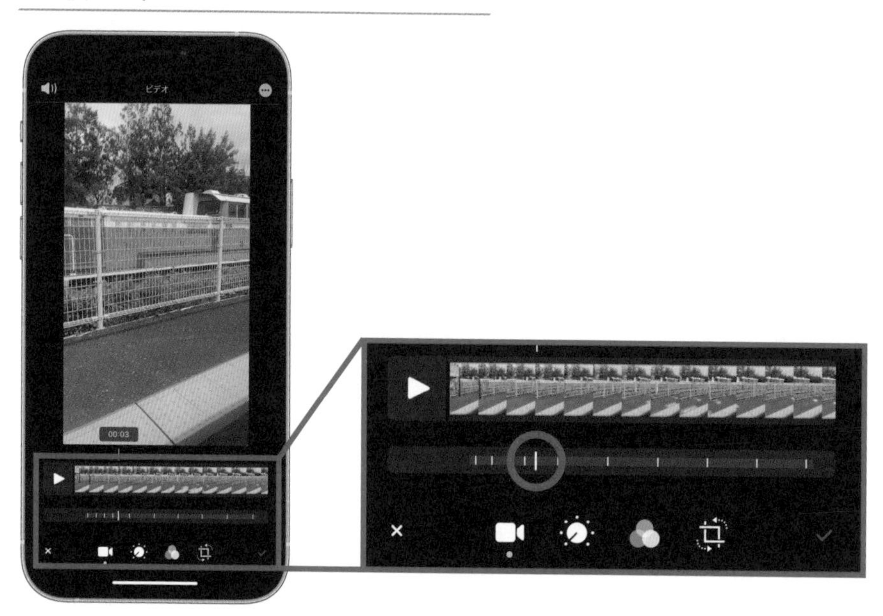

③つまみを指でスライドしてスローになる範囲を決めます

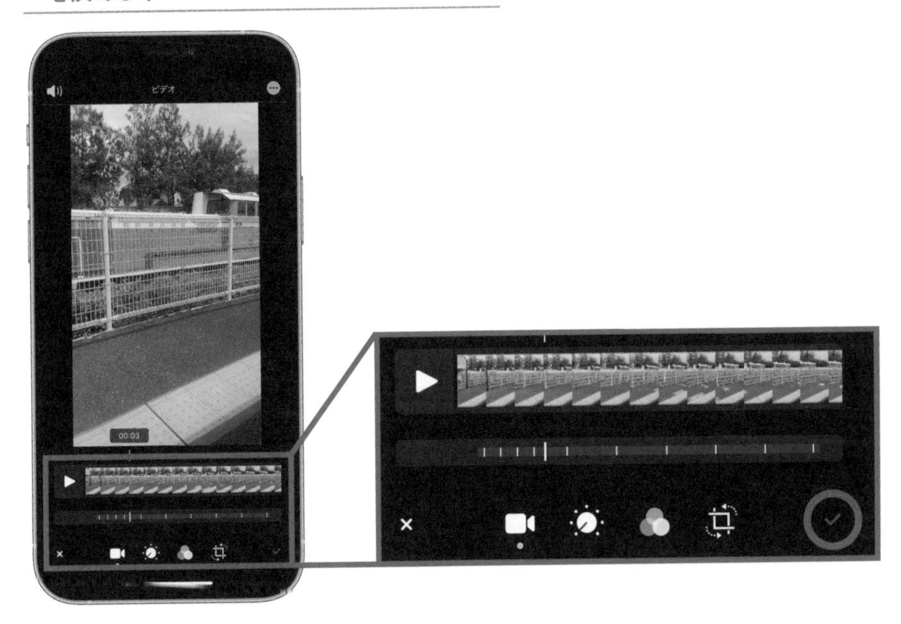

これらのことからスロー再生はより細かくコマ数を撮影できますが、その分 1 秒あたりの記憶容量が増えてしまいます。

コマ数と容量の関係は 25 ページに詳しく解説してありますのでそちらもご覧ください。

タイムラプスは計画的に

タイムラプスというのは、本来長時間になる動画を短く圧縮した動画です。タイムラプスが早送りと異なる点は、動画を撮影しながら時間を短く圧縮していく点です。

タイムラプスで撮影した動画の結果的な長さは元の撮影時間に依存しますが、動画が長くなればなるほど、最終的には 1 分程度になるように圧縮されます。

長尺の動画を撮影した後、それを編集によって再生時間を変えるという方法が従来の方法でしたが、容量の限られている携帯端末でタイムラプスのような映像を撮影できる方法として、撮影しながら内容を間引いていく形が採用されています。

ためになる話

iPad にはマナースイッチはありませんが、コントロールセンターにマナースイッチに相当するアイコンを配置することができます。外出先で iPad を使う機会のある方はぜひアイコンはアクセスしやすい位置にしましょう。

①カメラを立ち上げると初期状態では写真になっています

②タイムラプスをタップしてタイムラプス撮影モードに変更します

一般的な映像表現としてタイムラプスが良く使われる場面としては、日の出から日の入りまでを撮影したり、北極星を中心に星が移動していく様子、朝顔が咲く様子、交通量の多い道路の様子などがありますが、iPhoneで撮影する場合、定点的に設置した状態で何時間も撮影し続けるのは現実的ではありません。

iPhoneで撮影するタイムラプスとして向いているものとしては、長くて5分程度の出来事を30秒程度に圧縮して見たい場合です。具体的には赤ちゃんの寝返りする様子やペットが部屋をウロウロする様子、電車がホームに到着する様子などです。

＼ためになる話／

いつもiPhoneで見ている動画をご自宅のテレビで見たいという場合、Apple TVがオススメです。Apple TVはiPhoneの周辺機器というより、テレビをiPhone化する装置と考えていただくと良いです。

新機能シネマティックモード

iPhone 13、iPhone 13 Pro シリーズには、新機能としてシネマティックモードという撮影モードが追加されました。

シネマティックモードとは写真機能で存在するポートレートモードの動画版に相当する機能です。

iPhone が自動的に被写体を検出してその背景となる部分にぼかしの加工を加えます。

動画を見る人がどこに注目すべきかわかりやすくなるだけでなく、被写体がより強調されたように見えるため映像表現の品質が大きく向上します。

①カメラを立ち上げると初期状態では写真になっています

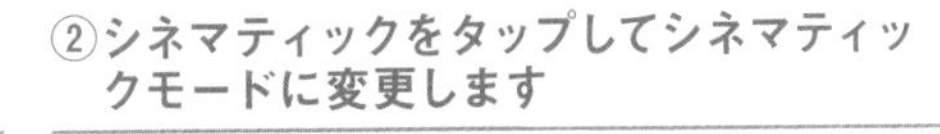

②シネマティックをタップしてシネマティックモードに変更します

なんとシネマティックモードでは、撮影後に被写体となる対象物を変更することができます。被写体を変更するということはぼかしを入れる対象を変更するということになり、これが撮影後でも変更できるというのがシネマティックモードの最大の特徴となっています。

ためになる話

2021 年 9 月に発売された iPhone 13 シリーズでは、写真を撮る際に自分の好みの色味で撮影できるフォトグラフスタイルというモードが追加されました。通常の写真を撮る場合に自動的に適用されますので撮影のたびに設定する必要はありません（次ページへ続く）。

①写真アプリでシネマティックモードで撮影した動画を表示して編集をタップします

②現在は手前の対象物がフォーカスされています

③奥の背景をタップすると奥にフォーカスが合わされます

被写体となるべき対象物はiPhoneが自動的に検出しますが、撮影後に意図通りでないと感じた場合は上記の編集方法で被写体の変更を行ってください。

ためになる話

（前ページから）フォトグラフスタイルでは肌の色など自然な色味は維持しつつ、服や背景の色のみコンピュータ処理により自分好みに写真が調整されます。これはA15チップによる高速処理によって動作するAIによって画像を解析した結果によるものです。

02 映像の画質の選び方

画質といっても実はさまざまな切り口がありますが、iPhoneで撮影する場合はあらゆる面からバランスの取れた設定で自動的に撮影されます。

そのため画像が鮮明であるにもかかわらず色の数が少ないといったことが無いように自動的に調整されます。

しかし、いくつかのポイントは私たちが理解して意思決定をすることで、最終的に撮影される映像のクオリティが大きく変わる部分も存在しています。

適切な解像度を選ぼう

解像度とは画面のきめの細かさです。人間の目は曲線をどこまでも曲線として認識できますが、コンピュータの世界ではより細かく見ていくと小さな色の点の集合体でできています。この色の点の縦の数と横の数を表したものが解像度です。

解像度の設定は設定画面から変更します。

①設定をタップします

②カメラをタップします

③ビデオ撮影をタップします

④こちらの画面で解像度を設定します

＼ためになる話／

iPhone のアラーム音が小さいと感じたり音量が急に下がると感じている方は Face ID タイプの iPhone をお使いのはずです。顔認証の装置を使ってあなたが画面を見ている場合音量を小さくしてくれています。

2021年9月現在、iPhoneが選択できる解像度とその特徴は以下の通りです(表)。

▼表 iPhoneで撮影できる画質の設定

解像度	表記	用途
1280 x 720	720p	容量を節約して撮影する低画質モード
1920 x 1080	1080p	一般的なテレビ画質の通常モード
3840 x 2160	4K	映画品質の高画質モード

お持ちの機種の性能によって選択できる解像度は異なりますので、ご注意ください。

作りたい動画で選ぶフレームレート

フレームレートとは、その単位をfpsで表記します。fpsとは、“frame par second”の頭文字を取った略称で、1秒間に何コマの映像を記録するかということを意味した設定です。

映像はこの撮影されたフレームレートに合わせて再生することで、パラパラ漫画のように映像を表示して、それが人間の目には動画として動いているように見えます。

この撮影時のフレームレートを大きく高めておき、再生時のフレームレートを一般的なフレームレートにしてチグハグに再生させると、24ページで解説したスローモーションとなります。このように既存に存在する撮影方式をうまく使って無駄なく楽しい効果を作り出してます。

フレームレートの設定は、解像度の設定と一緒に変更できますが、スローモーションの場合は次の画面から変更してください。

ためになる話

Siriは AIと言われていますが、実際には決められたセリフに反応する音声アシスタントです。過度な期待をするとガッカリしてしまうかもしれませんが、要は使う人の認識次第でとても便利に使えます。

①設定をタップします

②カメラをタップします

③スローモーション撮影をタップします

④こちらの画面でスローモーション時のフレームレートを設定します

＼ためになる話／

Apple製品はハンディキャップのある方々のために、アクセシビリティという補助機能が備わっています。Appleはこの機能にとても力を入れており他メーカーにはない充実度です。

2021年9月現在、iPhoneが選択できるフレームレートとその特徴は以下の通りです。

▼表　iPhoneで撮影できるフレームレートの設定

フレーム数	用途
24fps	映画で使用されるコマ数で映画っぽい雰囲気を感じる
30fps	標準的で人間の目に自然に見えて無駄のないコマ数
60fps	滑らかな動きが確認できスポートなどに向いている
120fps	iPhoneが一般的に撮影できるスローモーション向け設定
240fps	高性能なiPhoneが撮影できるスーパースロー向け設定

お持ちの機種の性能によって選択できるフレームレートは異なりますので、ご注意ください。

＼ためになる話／

Apple Watchのセルラーモデルにはお子さんの見守り携帯のような用途として使える『ファミリー共有』という機能が搭載されています。2021年4月現在ではauがサービスを提供しています。

時代は解像度から色数の時代へ

以前は解像度とフレームレートを上げることで画質の向上が図られていました。解像度はモニターの精細さ、フレームレートは処理性能の速度向上により、クオリティが上がる要素です。

しかし近年それらの向上にはある程度の限界が来ています。高解像度は人間の目では判別がつきにくいほど細かくなり、フレームレートも人間の視覚が認識できないほど高速になってきています。

スクリーンの大きな映画や0.01秒の世界が勝敗を分ける競技ゲームの世界でなければ、その差は生まれないというレベルまで我々一般レベルの性能も向上してきたということになります。

そこで第3の価値として提供されつつあるのが、色の数です。自然界にはほぼ無限の色が存在していますが、これをRGB（Red・Blue・Green）という光の三原色で表現してきました。

従来では各色256段階の明暗があり、それぞれの組み合わせは256色×256色×256色で約1677万色でした。これを各色1024色まで細かく表現して組み合わせの数を増やす技術がHDR（High Dynamic Range）という技術です。HDRではその組み合わせは10億通りになり圧倒的に色の数が増えることになります。

HDRのビデオ撮影に対応している機種は、以下の設定項目が存在しています。

Apple IDは1人1つが原則です。もしiPhoneとiPadで別々のApple IDを使っている場合、同一人物が使っていると見なされませんので、利便性が下がってしまいます（次ページへ続く）。

①設定をタップします

②カメラをタップします

③画面を下にスクロールします

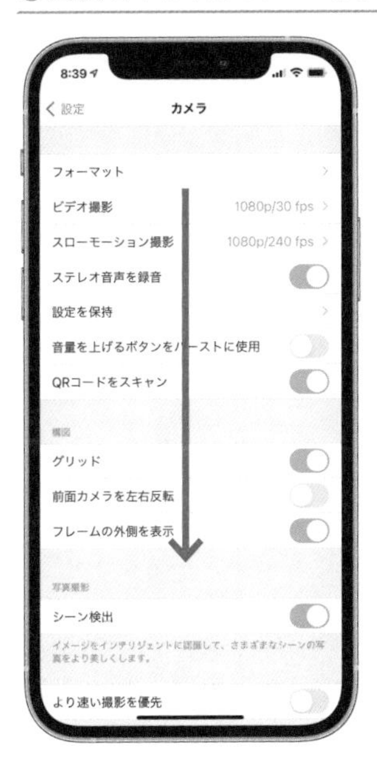

④HDRビデオのチェックをオンにします

＼ためになる話／

（前ページから）２つのApple IDを統合することはできませんので、もし２つのApple IDをお持ちの場合はどちらか一方に絞ってお使いください。絞るのが遅れると時間と共に分断が進んでしまいます。

HDR ビデオは誰が見ても明らかに綺麗な映像が撮影できますので撮影可能な機種であれば常に設定は ON にしておいても良いでしょう。

本書で紹介する Clips や iMovie も HDR 動画の編集に対応していますので、編集後の映像も HDR で書き出すことが可能です。

＼ためになる話／

Apple 製品を購入すると AppleCare に加入できますが、これは本体だけでなく付属品や一緒に購入した製品も保証対象になります。ケーブルなども補償対象ですので、傷んだら交換してもらいましょう。

Chapter

3

動画撮影編集入門アプリ「Clips」を使おう！

01 Clipsを使おう！

Clips とは Apple が、誰でも専門的な知識が不要ですぐに動画編集が始められるアプリとして 2017 年 4 月にリリースされました。

これまで動画編集の入門ソフトといえば Apple の iMovie で、iMovie では、動画編集の作業においてスタンダードな工程をできるだけ簡素化した形で行うことができる初心者向けのソフトとして提供されていました。

しかし、iMovie では少なからず動画編集そのものの知識が必要になってくるため、実態としては初心者向けとは言い難く、その結果 Clips によって動画編集の敷居が下がることになったのです。

Clipsの大原則

Clips で取り扱う素材の最小単位をクリップといいます。特別な効果やテキスト、ステッカーなどはこのクリップを最小単位にして追加していくことになります。

Clips にはクリップの作成方法に関してとても重要な大原則があります。

それは、「画面に映っているものを録画してクリップを作成する」というものです。

詳しくは使い方で説明しますが、Clips ではカメラに今映っているものを録画してクリップにする方法だけではなく、すでに撮影した動画を再生しながら今まさに画面に映っている動画を録画するという形でクリップにしていきます。

画面に映っているものを録画するという大原則が 2 種類の異なるシチュエーションの操作を 1 つの考え方にまとめるという非常に合理的な操作方法を採用しているのです。

＼ためになる話／

iOS 14.5 ではマスクをした状態で顔認証ができる機能が追加されました。ただし Apple Watch を持っていて装着している場合のみ使用できますので、お持ちの方は活用してみてください。

02 Clipsが得意な動画

Clips はその機能の範囲であればどのような動画も作成することができますが、特にClips が得意とする動画の種類が存在します。そこで、その種類毎にどのような使い方ができ、実際に Clips で作るとなった場合に、覚えておくと良いコツなどもご紹介していきます。

ホームビデオ

Clips がもっとも得意としているのが、ホームビデオです。

Clips の最大の魅力は、そのアプリの軽快な使用感にありますので、旅行や家族のイベントなどとっさに撮影したものから、準備して撮影したものまで、旅行の移動中ですらサクサク編集でき、時には帰りの道中でみんなと共有して旅を振り返るなどもできてしまいます。

計画を立てて動画を作成するというよりも、撮影したものやリアルタイムに発生したことを記録して、後から形にするというスタイルですので、何が起こるかわからないイベントなどにとても向いています。

作成の注意としては、計画を事前に必要としないのでとっさに撮影した素材を使うことが多くなるかと思いますので、クリップの見せたい部分だけが撮影されていて、前後の余白が足りなくなり、窮屈な動画になるということが考えられます。

一度でも Clips で動画を作成すれば、その辺りの勘所は掴めるかと思います。大事なイベントにぶっつけ本番で Clips を活用するというよりも、例えばすでに撮影した素材のみで編集してみたり、最初は軽い練習のつもりで作成して感覚を養ってみるという気持ちで取り組んでいただければ、本当に必要な時に期待通りの活躍をしてくれるでしょう。

ためになる話

PC に接続して iPhone をバックアップしている方は、昔からその習慣が備わっているのだと思います。しかし現在では iCloud という非常に優秀なサービスがあり、バックアップは iCloud で取ることをオススメします。

メッセージビデオ

誕生日のお祝いや、退職する先輩へのお礼などを撮影したメッセージビデオは、撮影から即編集可能なクリップとして追加されるClipsの得意とした分野です。

さらに撮影時には、従来の編集では後に付け足すエフェクトやステッカーなどもリアルタイムに追加することができ、撮って出しが完成品に近くなるというClipsの魅力を存分に使い尽くした作成方法となっています。

メッセージビデオをClipsで作る場合には、あまり凝ったものを作ろうとせず、素直にメッセージの１つ１つを丁寧に撮影することを心がけてください。

動画全体を通して凝った編集をするのは、ClipsよりもiMovieなどもう少し本格的な編集ソフトが得意としています。凝った編集の最終地点は映画のような作品であり、それは専門の動画編集ソフトが行うような領域です。

Clipsは手軽に楽しくすぐに動画編集ができるという、専門の動画編集ソフトでも備わってない大変魅力的な特徴がありますので、適材適所で使うことが良い動画を作るコツだと考えて頂ければと思います。

ポートレート

人物の魅力を動画で表現するポートレートは、何度も撮影して作成されたクリップの中から良いものを手早く選び出すのに最適なClipsの得意とする分野です。

Clipsでは動画編集では常識であるタイムラインという概念がありません。あくまでクリップが連続して並んでいるだけです。

そのためどのような長さのクリップも画面上では同一の大きさで表示されますので、連続して撮影したクリップの総量も把握しやすく、写真アプリの写真を選択するような感覚で不要なクリップを選択して削除することができます。

Clipsには楽しい装飾もありますが、人物の魅力で勝負したいポートレートではあえて動画編集による演出は控えめにして、その代わりたくさんのクリップからベストショットを選び出す工程に時間を割きましょう。

ためになる話

iCloud写真は写真をそもそもiCloudに保存しiPhoneに置かないのに、あたかもiPhoneの中にあるように振る舞うというサービスです。他社のクラウドサービスとは違う唯一無二の素晴らしい機能です。

使ってみよう

ここからは実際にClipsを使った動画編集で必要な操作方法を解説していきます。

編集に使用する素材もClips上で撮影することができ、そのまま撮影したものを編集素材として利用することができます。

慣れてくるとカメラアプリで撮影したあらゆる素材をClipsに読み込んで素材として使うこともできますので、徐々にリアルタイムではなく事前撮影に移行していくと思いますが、まずは基本機能であるリアルタイム撮影から使っていきましょう。

初期設定を確認する

まずは撮影と言いたいところですが、リアルタイム撮影を行うとき大事になってくるのが初期設定です。

初期設定といっても項目は多くなく、撮影したデータを貯めていくプロジェクトという箱を用意することと、撮影する映像のアスペクト比（縦横比率）を設定することが必要になります。

◉ プロジェクトの作成

Clipsでは初期状態で新規プロジェクトが作成された状態になっていますが、一度でも使用した場合は、その続きからになってしまいます。

これから作成する動画が前回の続きでない場合はもちろん新規プロジェクトを作成する必要がありますが、そうでない場合でも新しいプロジェクトを作成し名前を付けておくことで、撮影されたデータを管理しやすくなります。

現在のプロジェクトの確認や新規作成は次の画面から行います。

＼ためになる話／

もし今iPhoneをお持ちでApple製品を気に入っているなら、次はiPadの購入を検討してみてください。iPhoneで楽しんできたことはそのままに大きな画面で快適な操作ができます。

①左上のプロジェクトボタンをタップしてプロジェクト画面に移動します

②＋マークをタップして新しいプロジェクトを作成します

これで作成したプロジェクトを開いた状態になり、以後 Clips に追加されている素材はすべてこのプロジェクト内に保管されて管理されていきます。

一度でも素材となるクリップを撮影するとプロジェクト画面には撮影した素材が含まれるプロジェクトが現れますので、後で見失わないように名前をつけることをお勧めします。

＼ためになる話／

iPhone と iPad を同じ Apple ID で利用すると、有料アプリは 1 つ購入するだけで、他のデバイスでも利用することができます。端末が多くても無駄な出費はありません。

①左上のプロジェクトボタンをタップしてプロジェクト画面に移動します

②プロジェクトの画面で名前を変えたいプロジェクトを長押ししてプロジェクトオプションを表示します

③プロジェクトオプションで名称変更をタップして名称変更画面を表示します

④名称画面で新しい名称を入力して保存ボタンをタップします

＼ためになる話／

2020年に発表されたM1チップを搭載したMacはiPadのアプリが実行できます。これは実は非常にすごいことでMacで使えるアプリが激増したことを意味します。今後この流れは加速するでしょう。

⑤プロジェクト画面で名称が変更されていることを確認します

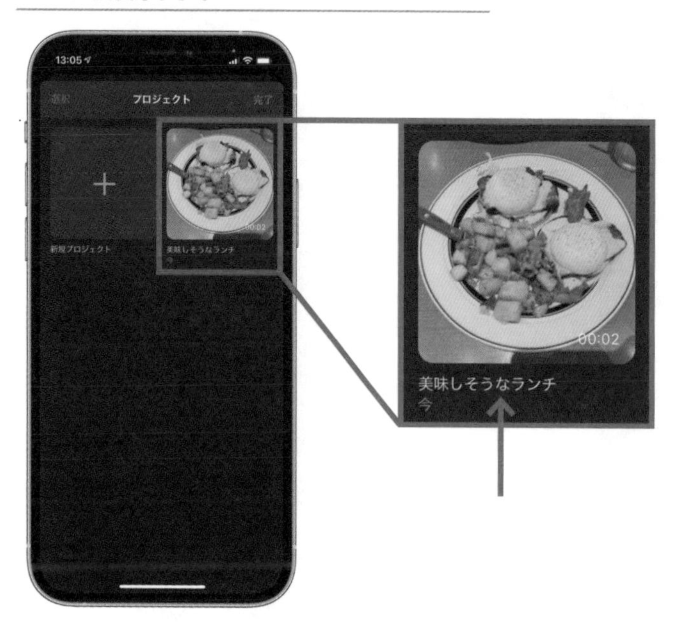

もし、違う動画を作りたい場合は、別で新しいプロジェクトを作成すればプロジェクトを切り替えることで、複数の動画作成作業を平行で進めることもできます。

◎ 動画のアスペクト比

動画にはアスペクト比と呼ばれる、縦と横の比率が存在しClipsで選択できるアスペクト比とその用途は次の通りです（表）。

＼ためになる話／

おやすみモードは単に寝る時に使うだけではありません。仕事に集中したいので通知は来ないでほしいという場合にも活用できます。うまく使うことで生産性を向上できますよ（次ページへ続く）。

①右上のアスペクト比ボタンをタップします

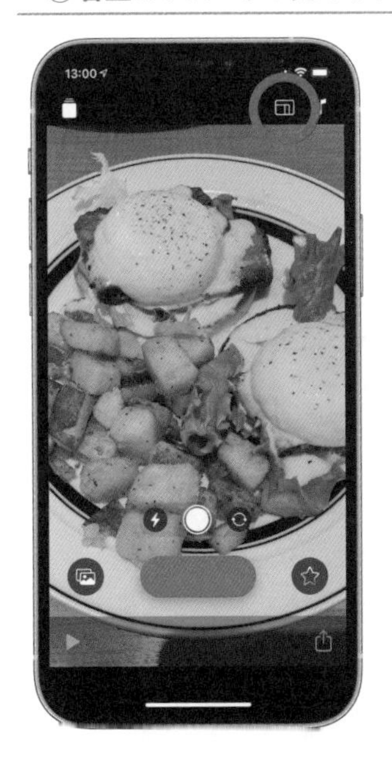

②設定したいアスペクト比をタップして選択します

表　アスペクト比と用途

アスペクト比	用途
16:9	一般的なテレビやモニターでもっとも自然に見える比率
4:3	旧式のテレビの比率でありiPadで見ることに特化した動画の場合
スクエア	Instagramなど SNSで使いやすく縦横比を悩まず撮影できる

基本的には16:9を選択して横向きにして撮影するパターンが多いですが、TikTokにアップロードするなど用途が事前にわかっている場合は、縦持ちにして撮影したり、あとあとどちらでも対応できるスクエアを選択する場合もあるかと思います。

＼ためになる話／

（前ページから）おやすみモードは実は日本語訳する前の英語版では“Do not Disturb”と表記されています。これは「邪魔しないで」という意味に近く睡眠時以外の時にも使用される表現なのです。

リアルタイムに撮影する

Clipsはメインの画面が撮影画面を兼ねています。したがって起動してすぐに撮影を開始することができます。

①Clipsを起動すると初期画面がリアルタイム撮影モードとなっています

②録画ボタンを押している間は画面に映っている映像が録画されます

ためになる話

Appleは新製品の情報を頑なに表に出さないことで有名です。それは最初にお披露目する時の感動まで含めて演出しているからだと言われています。巷の噂はAppleが発表されるまでは噂なのです。

③画面に映っているものがそのままクリップになります

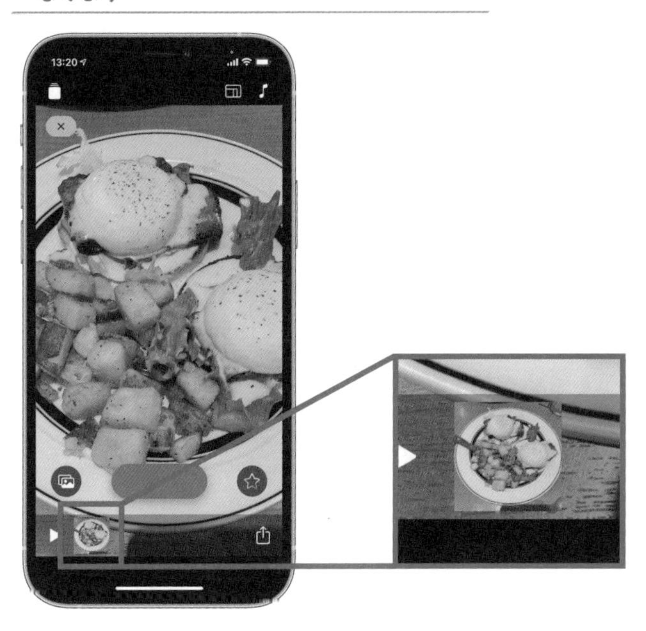

この後でエフェクト等の使用方法を解説しますが、リアルタイム撮影ではリアルタイムにエフェクトをかけることもできますので、撮影している瞬間から完成した映像を録画できます。

ためになる話

iPhoneは毎年発売されていますが、年によってデザインは踏襲されたりと変化する部分はまちまちです。その中で毎年必ず進化する部分があります。それがカメラです。Appleはカメラを重視しているということですね。

04 撮影済みの素材を使う

Clipsではリアルタイムに撮影しながらクリップを追加していく方法と、すでに撮影済みの素材を使って編集する方法がありますが、Chapter1でご紹介したカメラの操作方法を習得されている方は、Clipsで直接撮影するよりも一旦カメラアプリで撮影した素材をClipsで読み込んで使う方が、柔軟性が高くなります。

さらにカメラアプリで撮影した素材を追加する過程は、リアルタイムで撮影する過程と同じですので、ゆっくり落ち着いてClipsの操作方法に慣れることができますので、できる方は撮影済みの素材からいきなり使用しても良いかもしれません。

撮影済みのビデオからクリップを作成する

すでに撮影した素材をそのままクリップにするのに、もっとも基本的な操作方法になります。

①画面左下のライブラリボタンをタップします

②ライブラリの種類から写真をタップします

③iPhoneの中にある動画から素材にしたい動画をタップします

④開いた動画を確認します

⑤録画ボタンを押している間自動的にビデオが再生され録画されます

⑥指を離すと録画が終了してクリップが保存されます

ためになる話

iPhoneが壊れた時はAppleのサポートに連絡しましょう。街の携帯ショップは電話屋の“回線屋さん”です。本体に関しては製造したAppleに責任がありますので、誤解をされて使えない時間が伸びないようにしましょう。

また、この時画面に向かって話すと話している音声が動画と一緒に撮影されますが、動画の音声と録画中に画面に向かって話した音声は別の音声として録音されていますので、どちらか一方を消音することもできます。

消音については65ページで確認してください。

撮影済みのビデオの途中からクリップを作成する

すでに撮影した素材が開始1秒目から使いたいとは限りません。

録画ボタンを離したタイミングでクリップの作成は終了しますが、開始タイミングは録画ボタンを押す前に調整します。

①録画ボタンを押す前に動画の再生開始位置を指で移動させて選択します

②録画ボタンを押すと予め決めた再生位置から録画が始まります

＼ためになる話／

タッチ操作が苦手な人の手を見ると画面を押し込んでいる方が時々います。iPhoneのタッチセンサーは静電容量式といって触れるだけで機能しますので、軽く触れるようにタッチすれば大丈夫です。

撮影済みの写真からクリップを作成する

クリップにすることができるのは、動画だけではなく、写真を画面上に表示してその画面を録画する方法でクリップを作成することもできます。

「画面に映っているものを録画してクリップを作成する」という大原則を一番感じられる操作で、この大原則を通じて操作方法を統一しているとても理にかなったクリップの作成方法です。

ここで作成されたクリップは時間の概念を持っていますので、ステッカーやエフェクトなどもこの時間に合わせて表示されます。

①ライブラリボタンを押して写真をタップします

②クリップにしたい写真を選択します

ためになる話

iPhoneを携帯ショップで購入すると買い替えの際に端末回収を条件に次の機種を手に入れます。これをApple公式で購入した後、残債を支払えば端末が売却できますので、2年の買い替えサイクルから抜けられます。

③ Clipsの画面に選択した写真が表示されます

④録画ボタンを押している間クリップが録画されます

＼ためになる話／

Apple Watch と iPhone で同じ Suica を共有して使うことはできません。それぞれ 1 枚ずつ発行しましょう。これは素早く改札を通るために必要な速度を担保するためで日本の仕様に合わせて作られました。

ポスターを使う

ポスターとは Apple が用意した挿入用の動画です。

用途に合わせていろんな種類があるだけでなく、内容もある程度カスタマイズができて、しかも Clips の原則に従ってポスターも動いている状態を録画することでクリップを作成していくため、長さの調節も自由にできます。

ポスターを使うことで、シンプルな動画のクオリティが見違えるように向上しますので、是非とも使い方を覚えておいていただきたい機能です。

楽しいクリップで動画に華を添える

ポスターは撮影済みの動画をクリップに追加するのと同じ手順で追加することができます。

ポスターにはアニメーションが入っているものもありますので、実際に使うときは、一度撮影してみてどのような動きをするのかも確かめてみてください。

①ライブラリボタンを押してポスターをタップします

②ポスターの一覧から動画に使いたいポスターをタップします

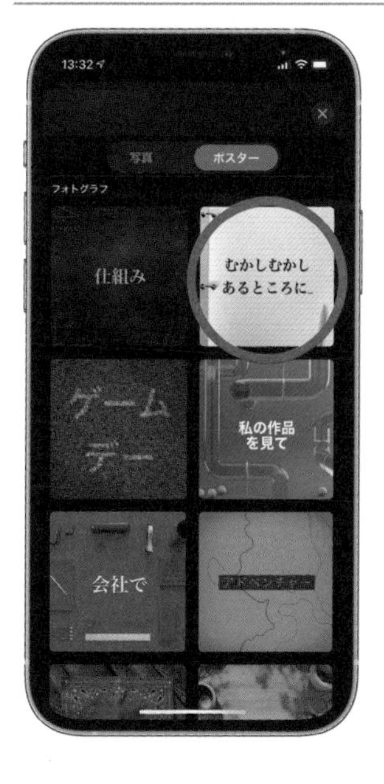

③ポスターが画面に表示された状態で録画ボタンを押すとクリップが録画されます

ポスターはいろんな種類がありますので、動画の趣旨とあった撮影方法を選択する必要があります。

ポスターの内容を編集する

先の例ではポスターを単純に追加しましたが、ポスターで使われている文字素材は複雑なデザインが施されているにもかかわらず、動画の趣旨に合わせて自分で編集することができます。

＼ためになる話／

純正の地図アプリは行き先の経路を検索して移動ルートを決めると自動的にApple Watchと連動します。さらにホーム画面も移動用の画面に変わりロックしていても経路がわかります。

Chapter 3

①ポスターの文字をダブルタップします

②編集可能な状態に切り替わります

③ポスターの文字をキーボードで変更します

④何もない部分をタップして変更を確定します

＼ためになる話／

睡眠モードとおやすみモード。似た名前の機能がありますが、睡眠モードは眠る時に使う機能で、おやすみモードは眠る時だけでなく集中したい時に通知を止めるモードとしても使うことができます。

⑤録画ボタンを押してクリップを録画します

文字表現を変えるだけで印象も変わり、また動画の内容にあったものができやすいため編集はかならず行うことをオススメします。

ポスターの種類

ポスターはその表現したい内容によってさまざまな種類がありますが、大きく雰囲気が異なるグループに分かれていますので、ここではそのグループ毎の特色をご紹介します。

＼ためになる話／

iPad を購入すると 20W の充電器が付属してきます。この充電器は iPhone にも使用することができるのですが、従来の小型の 5W の充電器よりも充電スピードが速く iPhone も急速充電することができます。

①グラデーション

グラデーションは、非常にシンプルなポスターですがうまく使えば強すぎる印象を押さえつつ目には見えない感情や音などを文字によって表現できます。後述する単色よりも若干見栄えもいいため存在を忘れずにうまく使いましょう。

②無地のカラー

無地のカラーは、使いどころが難しく失敗するととてもチープな印象になってしまいます。しかしうまく使えばオシャレに映る場面もあるためほかのポスターではどうしても派手すぎるという印象を受ける場合に使ってみるとうまくいくかもしれません。

③基本

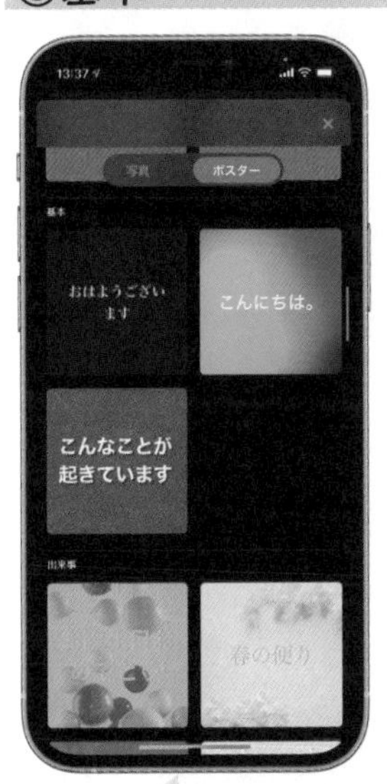

もっともベーシックな3種類のポスターが含まれています。特に大きな特徴はありませんが前述のグラデーションや無地のカラーの一部と考えて基礎的なポスターととらえて派手すぎる印象を押さえる目的で使っていくとよいでしょう。

④出来事

お祝いや季節に関係することなど、イベントごとに関連しやすいデザインのポスターがそろっています。動画の最初のタイトル代わりに使用すると、どんな動画かが見る人に簡単に伝わりますし、使う側としても使いやすい良いポスターがそろっています。

⑤フォトグラフ

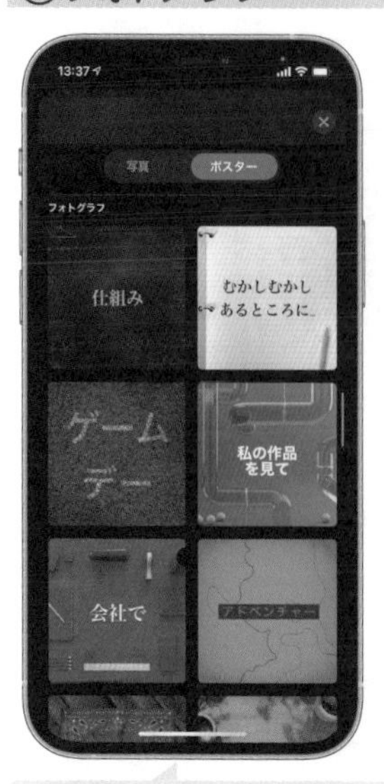

名称はフォトグラフとなっていますが、どちらかというとアニメーションが豊富なポスターがそろっています。使用上の注意としては再生してみないとどのようなアニメーションかわからないため、一度は一通り再生してみることをお勧めします。

⑥ビンテージ

少しレトロな印象を受けるポスターです。いわゆる古くてダサかっこいい雰囲気ではあるのですが、使い方を間違えると古臭いイメージだったりただ単にダサいというイメージになりかねないので、むしろ懐かしい素材を使っているときに使うとユーモラスな印象になるでしょう。

⑦シネマ

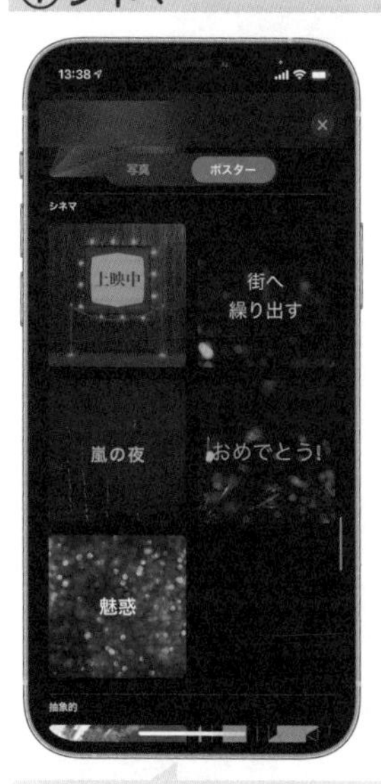

上映中というポスター以外はどちらかというとアニメーションを使った映画の冒頭を感じさせる演出が用意されています。数が少ないので印象を事前に把握しておき使えそうなタイミングで使っていけるとよいかと思います。

⑧抽象的

抽象的なデザインのアニメーションが用意されており、デザインも美しいため多様しやすい便利なポスターだと思います。印象が強いものが多く1つの動画で多用すると一貫性がないためアクセントのように上手に使っていくのが良いでしょう。

⑨グラフィック

イラストをベースにしたポスターで子供受けの良いわかりやすいものがそろっていますので、ほのぼのとした動画などのクリップの切り替わりなどに挿入すると使い勝手が良いでしょう。多少ポスターの意図とは違った使い方をしても使えるジャンルだと思います。

⑩PIXAR

どんなキャラクターがいるか
実際に見て確かめてみてください

3DCGを使用したアニメーションを制作しているPIXAR社のキャラクターが使われたポスターで、Clipsのバージョンアップなどで時期によって内容が時々入れ替わりますので、適宜チェックしてみて面白そうであれば使ってみると良いでしょう。

ためになる話

iPad ProやiPad Airで使用できるMagic Keyboardは非常に高価ですが充電スタンドとしてデスクに置いたままiPadを片手で外すことができます。デスク中心の生活で気軽にiPadを取り外す際にオススメです。

06 クリップの編集

従来の動画編集ソフトでは、タイムラインという操作画面が存在しており、タイムラインでは時間の流れを等間隔に表現します。

したがって従来の編集ソフト上のタイムラインの動画素材というものは、時間が長ければ長いほど、タイムライン上での横幅も長くなります。

iMovieの画面とClipsの画面

次の画面はiMovieの画面。画面の下部に時間の流れを表すタイムラインが表示されています。

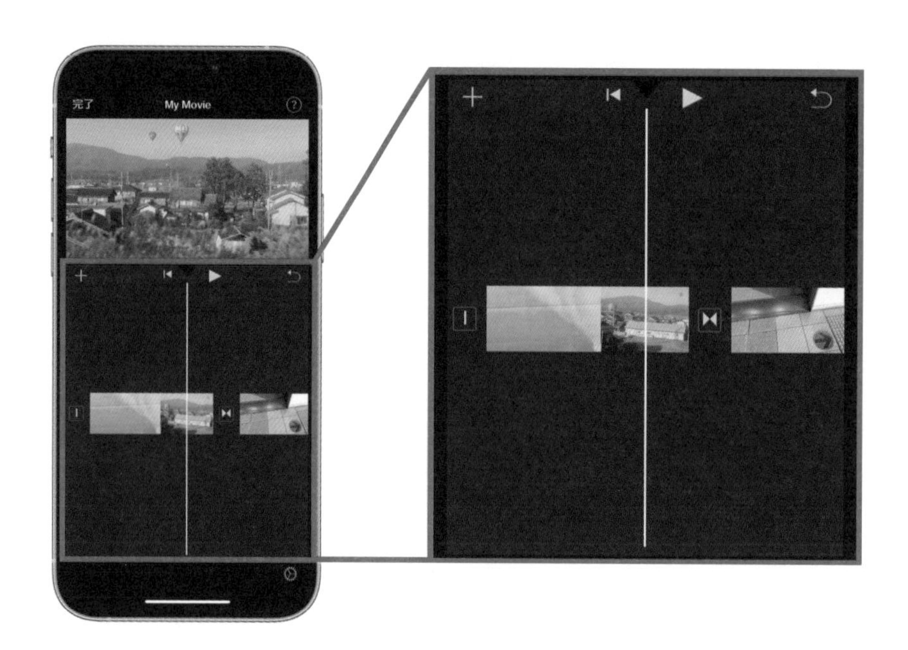

しかしClipsでは動画の再生順序は表現しますが、時間の長さを表現しておらず、どのような長さのクリップでも1つの四角形で表現しています。

＼ためになる話／

iPhoneのFace IDで認証の中心となるのはカメラではありません。無数の点を照射して顔の凹凸を検出して形状が本人であるかを調べ、またお面ではないことを確認するために眼球が存在するか確認しています。

次の画面はClipsの画面。時間の流れを表すタイムラインではなく次のどのクリップが再生されるかを表しています。

時間の長さを表現しないのは編集機能の幅という意味では狭くなっていますが、これが動画編集の最初の関門であるタイムラインの概念を覚えなくても動画編集ができるという手軽さにつながっています。

クリップの移動

Clips上でクリップの順番を変更するのはとても簡単です。

クリップの追加が一通り終わったら、整える段階で素早く全体を考えながらクリップの再生順を調整しましょう。

＼ためになる話／

指紋認証や顔認証のデータはiPhoneの中の特別な領域に保存されておりAppleでも取り出すことはできないほど厳重に管理されています。セキュリティ意識の高いAppleがこだわって作った頑丈なシステムです。

①画面の下部には撮影されたクリップが表示されています

②1番目にあるクリップを指で長押しすると浮き上がります

③3番目のクリップがある場所に指を離さず移動させます

④指を離すとクリップの順番が入れ替わりました

＼ためになる話／

iCloud バックアップは全自動で iPhone 全ての状態がバックアップされる唯一無二のバックアップシステムで、ハードとソフトを両方開発している Apple だからこそ形にできた大変信頼性の高いシステムです。

クリップの消音

BGMを引き立たせたい場合や、特に収録した音声が必要ではない場合は、クリップの音声を消音にすることができます。

①音を消したいクリップを選択して消音ボタンをタップします

②クリップを消音をタップして消音します

この操作で収録した音声は聞こえなくなりますが、データとして音声が失われたわけではありませんので、再び必要な時には改めて消音ボタンを押すことで音声を復活することもできます。

もし撮影済みのビデオを録画中に画面に向かって話した場合、その時の音声が録画と一緒に録音されています。

この音声は動画の音声とは別の管理になっており、どちらか一方を消音することも可能で、2つ以上の音声を扱っている場合、消音ボタンを押したときの挙動が異なりますので、必要に応じて消音してください。

ためになる話

iCloud写真はiCloud上に写真をアップロードするだけでなく、あたかも端末の中にあるかのように振る舞って自然に動画や写真を閲覧できるようになっています（次ページへ続く）。

①動画の音声とクリップ作成時に音声を吹きこんだクリップを選択します

②消音したい音声を選択します（表）

▼表　削除できる音声

表記	内容
録音されたオーディオ	このクリップを作成する時に画面に向かって話しかけた音声
オリジナルのビデオ	このクリップで使われている元素材の音声

また後述しますが、ライブタイトルを使って自動的に字幕を作成する場合の音声データも失われることはありません。

＼ためになる話／

（前ページから）iCloud 写真を利用すれば iCloud の契約容量さえあれば、64GB の iPhone を利用していても64GB以上の写真や動画があるように見える状態を作り出すこともできます（次ページへ続く）。

不要なクリップは削除する

失敗して取り直したクリップや結果的に不要になってしまったクリップなどは削除しましょう。

①消したいクリップをタップして削除ボタンをタップします

②クリップを削除をタップします

削除するかどうか迷った場合は、削除せずに全体の流れを見てみると必要かどうかわかる場合もあります。

＼ためになる話／

（前ページから）しかも端末が故障等しても iCloud 上に写真や動画がありますので、大事な思い出のデータを失いこともありません。安全と便利を両立したとても画期的なシステムで全てを両立できるサービスは他にありません。

クリップの長さを変えるテクニック

Clipsではいわゆる従来通りの動画編集作業というのは、極力少なくなるように設計されていますが、その中でもクリップの長さを変更する作業は、どちらかといえば動画編集らしい作業と言えるでしょう。

しかし、特別難しいことはなく考え方としては、クリップの開始と終了位置を変えるという作業、もしくはクリップを分割するという作業になります。

それらの基本動作を組み合わせて適切な長さのクリップを作成し、つなぎ合わせることで動画を編集していきます。

前後の長さを変更（トリミング）

トリミングはClipsの動画編集の中でももっとも多用する部分ではないでしょうか。

ライブラリから録画されたクリップ、もしくはリアルタイムの録画されたクリップともに、開始してから終了するまで全てがジャストタイミングというわけにはいきません。

前後の無駄な部分を削ぎ落としてスムーズな流れにする作業がトリミングです。

＼ためになる話／

HomePodはAirPlayスピーカーです。AirPlayというのはWi-Fiがあることが前提となり、遅延が発生してでも良い音を再生させるという方針で設計されています（次ページへ続く）。

①長さを変更したいクリップを選択してトリミングボタンをタップします

②長さを変更したい個所を指でタッチして指をつけたままにします

③そのまま指を移動して長さを変更してから指を離してトリミングをタップします

＼ためになる話／

（前ページから）HomePodでは音の遅延自体は大きく存在しますので、ゲームなどのリアルタイムな音源は遅延するばかりか、アプリ自体が対応していなければ音を出すこと自体もできません（次ページへ続く）。

トリミングは削ぎ落とした部分がなくなってしまうわけではありませんので、切り過ぎた場合は改めてトリミングで時間を伸ばすこともできます。

1つのクリップを2つにする(分割)

次の操作はクリップを２つに分割する方法です。

ただ単に分割するだけですので動画の仕上がりが１回の分割で変わるわけではありません。

分割する操作は後述する動画内に存在するいらない部分を中抜きするような形で削除したり、１つの動画として撮影されたクリップに対して異なるエフェクトを加えたい場合などに使用します。

①分割したいクリップを選択して分割ボタンをタップします

②分割位置を決めて分割ボタンをタップします

ためになる話

（前ページから）HomePodは音楽を部屋に流して楽しむということを目的に作られていますので、用途の勘違いで有効活用できない場合もあるので購入の際には十分注意していただければと思います。

③クリップが２つに分割されました。

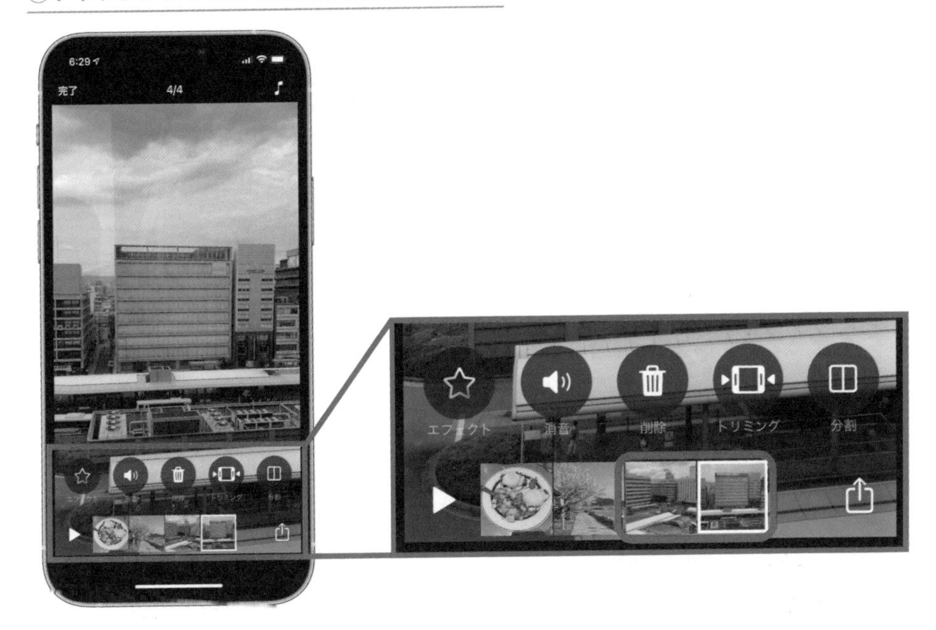

要らない部分をカット1（分割&削除）

分割と削除を組み合わせればクリップ内の要らない部分を削除することができます。

クリップの中で間違った部分などを削除したい場合に使用しますが、その方法は実はとても単純です。

要らない部分の前後を分割して、その後いらない部分を選択して削除するだけです。

この考え方はどの動画編集ソフトでも実は変わらず、原始的で基本的な考え方となっておりClipsでもそれは当てはまります。

ためになる話

標準のメモアプリには紙の書類をスキャンしてPDFとしてメモに貼り付ける機能が存在しています。手元にある紙は紙自体が重要でなく情報自体に価値があるのであればスキャンして紙は捨ててしまいましょう（次ページへ続く）。

①例えばこのクリップの赤い部分が不要だとして前半部分を分割します

②前半のクリップが切り出されました

③さらに今度は後半部分を分割します

④切り出された不要なクリップを削除します

＼ためになる話／

（前ページから）標準のファイルアプリにも紙の書類をスキャンする機能があります。メモと同等の機能ですが、付属情報を書き込める分メモの方が利便性が高いですがファイル管理の方が性に合うという方はファイルを活用してください。

要らない部分をカット2（分割&トリミング）

要らない部分を削除する方法はもう１つあります。

要らない部分の開始位置、もしくは終了位置のみを分割して、消したい部分はトリミングによって切り詰めていく方法です。

先に紹介した２度分割する方法と得られる結果としては変わりませんので、どちらが優秀と言うわけではありません。

作業工程がご自身のスタイルに合う方を選択していただき、スムーズな編集ができることを目指してください。

①例えばこのクリップの赤い部分が不要だとして前半部分を分割します

②前半のクリップが切り出されました

ためになる話

設定アプリは画面の最上段に検索の入力欄が存在します。設定の項目名称だけでなく、項目内の説明文なども引っかかってきますので、お目当ての設定が見つからない時は検索で探してみてください。

③不要な部分が含まれるクリップを選択して
トリミングをタップします

④不要な部分をトリミングします

ためになる話

連絡先アプリに登録した人名は、文字変換で優先的に変換されます。できるだけ人名はフルネームで漢字を入力し、振り仮名も正しく設定しましょう。その上で普段呼んでいる呼び方で表示した場合はニックネームを使用します。

08 エフェクト効果を使う

Clipsではクリップに対してさまざまな装飾を行うことができます。

特徴的なのは映像の分析や測量センサーを使い顔の位置などを特定して、動画に映った顔に追従するようなエフェクトを発生させることもでき、最新技術を取り込んで楽しく演出する工夫がされています。

エフェクトを動画に追加するにはエフェクト設定画面に移動する必要があります。

①エフェクトボタンをタップします

②たくさんのエフェクトの中から設定したいエフェクトのカテゴリをタップします

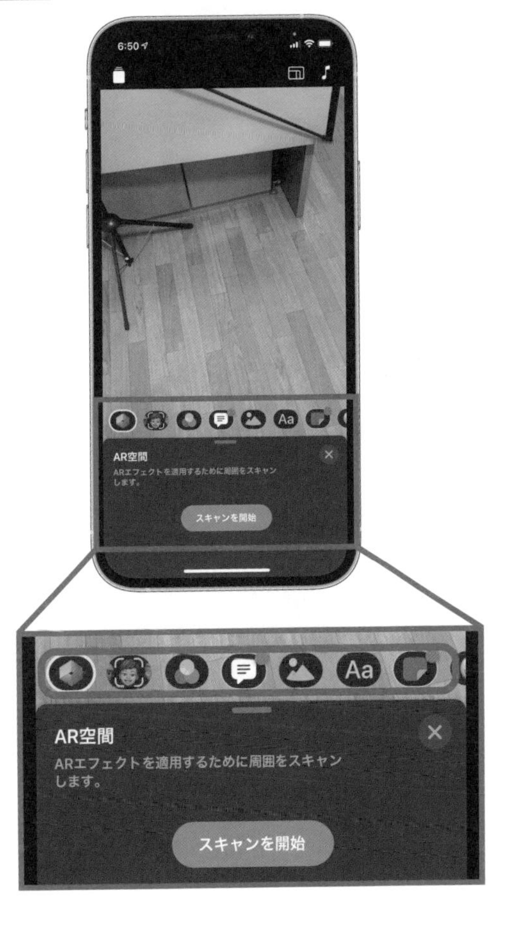

ためになる話

連絡先に誕生日を入れてあるとカレンダーにその方の誕生日が表示されます。またSiriが誕生日を検出し当日には「電話してみませんか?」と提案もしてくるようになります。

AR空間

AR空間はiPhone 12 ProなどLiDARセンサーが搭載された機種のみで利用することができるエフェクトで、身の回りの壁や床の位置をスキャンしてその位置に合わせてエフェクトをかけることができます。

床や壁などに沿ったエフェクトを発生させる最新技術を使用したエフェクトです。

①エフェクトボタンをタップします

②AR空間を選択してスキャンを開始をタップします

ためになる話

連絡先には誕生日の他に、自由に設定できる記念日欄が存在しています。結婚記念日や大事な日をこちらに入れておくことができます。ただしカレンダーのように表示はされませんのでカレンダーにも手動で登録しましょう。

③指示に従ってiPhoneを前後左右に向けて周りをスキャンします

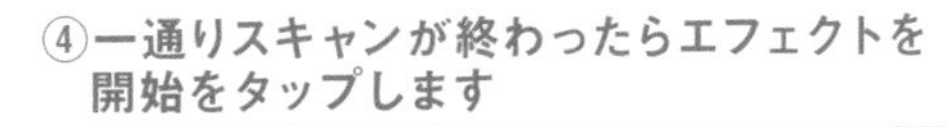

④一通りスキャンが終わったらエフェクトを開始をタップします

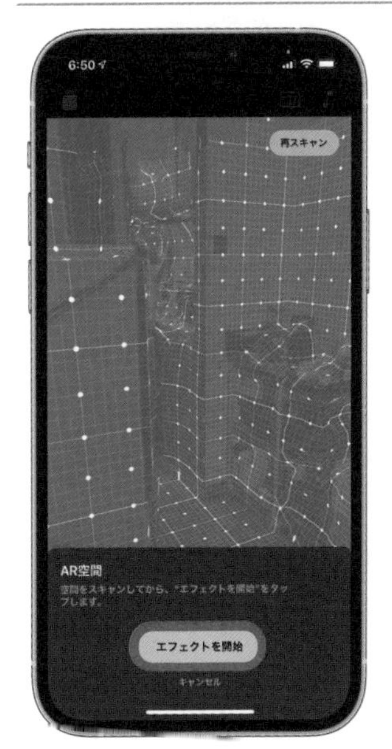

AR空間はLiDARセンサーに対応した機種でしか使用することはできませんので、対応していない機種ではAR空間を使うことはできず、また前面のカメラではAR空間は使うことができません。

◎ AR空間の種類

AR空間には2021年9月時点で次のようなエフェクトが存在しています。

＼ためになる話／

iPhoneは持ち歩いているだけで歩数計の代わりになります。歩数だけでなく登った階段も記録していますが、これはiPhoneに高度計が搭載されていて気圧の変化等で高度を計測して階数に置き換えています。

①割れたハート

空中から引き裂かれたようなハートが降り注いで地面に積もっていくような演出です。後述する“ハート”という名称のAR空間では綺麗なハートが現れますので対比する演出に使うなどアイデア次第で面白く使えます。

②絵文字のバースト

さまざまな絵文字が上から降り注ぎます。背景が見えなくなるくらい無数に降り注ぎ楽しげな雰囲気を演出することができます。確実性にはかけますが背景をやんわり隠したい時にも使えます。

③現金

お遊び要素ではありますが紙幣が降り注いでいる様子が追加されます。地面をしっかり認識しているため、落ちたお札は地面にある程度積もっていきます。お子さんは喜ぶ演出かもしれません。

④泡

空中に泡が出現しますが、ライティングも若干青みがかったような変更されるため、あたかも水中にいるような映像になります。幻想的な雰囲気でもありますので、覚えておいて使うと良いでしょう。

⑤グルーヴィ

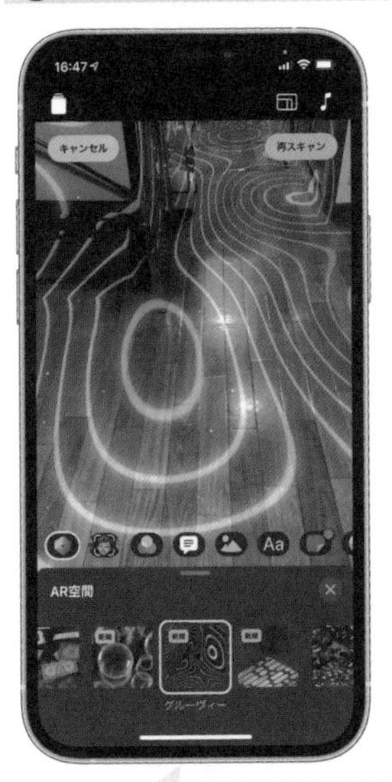

虹色が激しく動くような演出で、地面や壁などの形状もよくわかる演出です。壁などを検出させる際にしっかりと面を検出しておくことで、演出が乗りやすくなるため可能な限りスキャンしましょう。

⑥ネオン

グルーヴィと似ていますがこちらはカラーのラインが時間とともに複数描画されます。奥行きを感じやすいデザインのためグルーヴィと比較して意図通りになりやすい方を選択すると良いかと思います。

⑦紙ふぶき

上から紙吹雪が舞い降りて、地面に紙吹雪が積もるような演出となっています。カラフルで華やかであり、しかも地面がしっかり彩られるので楽しい雰囲気が全面に出る良いデザインです。

⑧プリズム

地面や壁に沿って光のバーが激しく移動するような演出です。他のAR空間とも共通しますが、サイバーチックなデザインが多くプリズムに関しては動きも激しいため演出としては激しい部類に入ります。

⑨ディスコ

天井にミラーボールがあるかのような光の粒が床や壁を回転します。往年のディスコをイメージさせるようなデザインですので子供よりも大人の方が被写体になっている方がよりマッチしやすいかもしれません。

⑩ダンスフロア

赤青黄色のタイルが激しく点滅します。床自体にデザインが施されていますので、大きく広い床のある空間ではさらに激しく見えるため、よりベストな選択だと言えるでしょう。

⑪スパークル

AR空間は床や壁などに演出が入ることが多いのですが、スパークルは空間そのものに演出を加えます。星がキラキラしたようなデザインで可愛らしく小さなお子さんにはぴったりの演出ではないかと思います。

⑫スターダスト

空間には青い光、床にはぽわっと柔らかい光が描画される演出です。床に対する演出は若干暗いため、部屋が少し暗めの方がより光が際立ちますので、夜少し電気も暗めのシーンなどでは有効に使えるかと思います。

⑬ハート

画面いっぱいに3次元表現されたハートがたくさん浮かびます。印象の強い演出ですのご使い所は難しいかもしれないですが、ベタベタなときこそこういう演出の使い時だと思いますので、積極的に利用しましょう。

ためになる話

iPhone のヘルスケアには女性の生理周期を記録する機能があります。PMS などに悩んでいる方は記録から始めご自身の体の傾向を知るのに役立ちますし医師への相談もしやすくなります。

ミー文字

ミー文字とはAppleが提供している似顔絵作成機能で、このミー文字をあらかじめ作成しておくと、Face IDのセンサーを使用して表情を読み取りミー文字の顔を合成して自分の顔に重ねてくれます。

もし使えるミー文字が1つもない場合は、次のページの作り方を先に参照してください。

①本来は自分の顔を撮影しますが…

②ミー文字があれば顔の動きに合わせてアニメーションする似顔絵に変更することができます

ミー文字はFace IDに対応した機種でしか使用することはできませんので、対応していない機種ではミー文字を使うことはできず、また背面のカメラではミー文字は使うことができません。

＼ためになる話／

Apple Watchでウォーキングを記録する場合、しっかり運動として歩かなければ記録されません。基準は心拍の変化と体の運動スピードが関係しています。膨大な研究データで体の動きを正確に計測できるそうです。

◎ミー文字の用途

ミー文字を使えば単なるモザイク処理などと違って表情もつきますので、顔出しをせずともやりたい表現が可能になります。

少し前まではモーションキャプチャー技術とCG合成技術は特別な環境でしか行えませんでしたが、民生機のiPhoneに優秀なセンサーや高性能な処理能力が備わったことで実現することができるようになりました。しかもリアルタイムに処理をしてそれを録画できるというレベルに達しており、その技術力とは裏腹に楽しく簡単に結果を得られます。

お子様が動画制作などをしようとする場合にも、顔出しが不安という場合はミー文字を積極活用されると良いかと思います。

◎ミー文字の作り方

ミー文字は作り始めるとあっという間に時間が過ぎてしまいますが、作り方自体は簡単ですので、本書でも解説していきます。

①iPhoneに最初から入っているメッセージアプリをタップします

②メッセージの新規作成ボタンをタップします

③ミー文字のアイコンを探してタップします

④画面中央＋マークの新しいミー文字ボタンをタップします

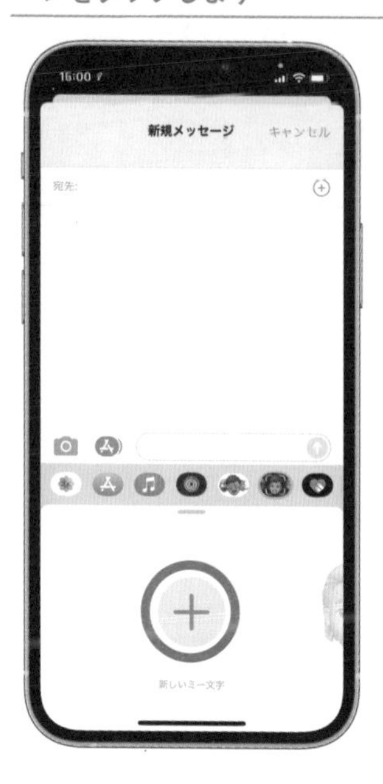

⑤顔や髪形アクセサリなどを選択してミー文字を作り、でき上がったら完了ボタンをタップします

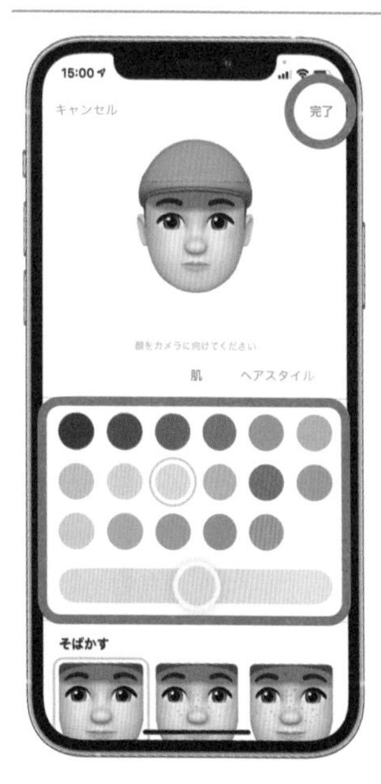

⑥完成したミー文字はメッセージだけでなくClipsや連絡先で使えます

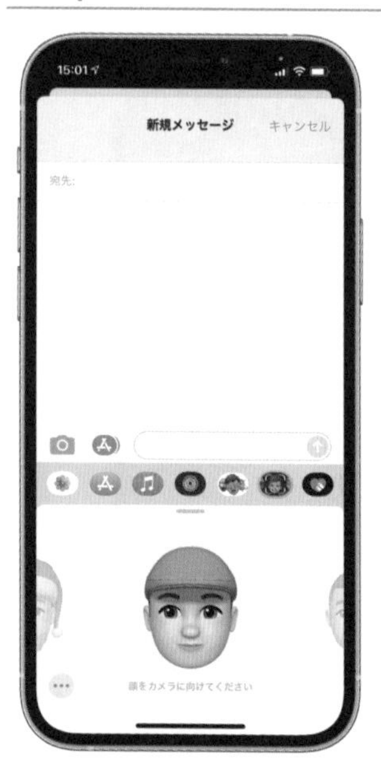

ためになる話

2021 年 4 月 30 日に発売された忘れ物防止タグはインターネットに繋がっていないのに現在位置がわかります。それは他の Apple 製品が近くにある紛失扱いのタグを探してくれる機能によって実現しています。

フィルタ

フィルタはカメラや動画に映っている映像に直接加工を加えて印象を変えていく特殊効果です。

見た目がガラッと変わるものが多く、意図がなければ使い所が難しいものが多いですが、どのようなものがあるかを把握しておき、適切なタイミングで使えればとても面白い動画になりますので、内容の把握はぜひ行っておきましょう。

フィルタの仕組み

カメラに映っている映像の色の境界線をiPhoneの処理能力で検出して、区切られた色ごとに決められたルールを用いて加工する方法で作られています。

あくまで画面に映っているものを使った平面的な処理ですので、色や光の加減で色の境界線を検出できなかったり、奥行きが見た目上複雑な場合などは不自然に見える場合もあります。仕組み上仕方のないことですので、そこは割り切って次の作業に進んでいただく方が、シンプルに素早く動画を仕上げるClipsのコンセプトには合うかと思います。

フィルタの種類

フィルタの種類はバージョンアップで増える場合がありますが、2021年9月現在は次のようなものがあります。

またこれらのフィルタの一部はiPhoneで標準搭載されている写真アプリの動画加工機能として提供されているフィルタも含まれています。

ためになる話

2020年に発表された今ではiPadにも搭載されているM1チップですが、コンピュータの演算装置は高度な技術と経験が必要なため他社に頼るのが常識でした。その常識をAppleが打ち破り自社提供するようになったのです(93ページへ続く)。

①オリジナル

初期状態で選択されている撮影されたままの状態の映像になります。

②スーパー8

古い8mmテープのような効果を映像に加えます。思い出を演出するようなフィルタは多数ありますが古さの度合いが異なりますので、映像の演出したい年代に合わせたフィルタを選択すると良いでしょう。

③ミラー

日本では馴染みがありませんがミラーの演出は海外では受けが良いようです。小さなお子さん向けに笑ってもらえるようなタイミングで効果的に使用するようにしましょう。指や画角で写りもかなり変えれます。

④ドリーミー

明るく色味が変更され全体的にボカシが入ったような効果が加わります。夢を表す名称になっていますが可愛らしいものを撮影した時にも使えると思いますのでより楽しげな演出に使ってみてください。

⑤グリッチ

壊れたビデオの映像のようにかなり荒々しいエフェクトがかかります。ホラーテイストの映像に対して使うことでより怖さを演出できると思いますが、印象が強いので乱発は難しいかもしれません。

⑥クロマティック

レンズに対して光の3原色が分離する偏光フィルタを通したようなエフェクトがかかります。このエフェクトはアニメーションしながら回転するように動きます。使い勝手が難しいですが動きは確認しておきましょう。

⑦デニム

青みがかった色に変更されるフィルタです。名称が布地のデニムから来ていますが、名称はあくまで名称であり、フィルタによる雰囲気が良ければ採用するという感覚で名前に引っ張られないようにしましょう。

⑧染色

本来の写真からさらに色味を強くした状態になります。不自然でない程度の範囲にはなりますが、これも目的を持って使用するか、適用後の方が表現したい色味である場合に採用する方が使いやすいです。

⑨スエード

デニムと同様に色の名称に引っ張られないように使用しましょう。こちらはスエードをイメージした彩色になりますが全体的に色が濃く暗く出るようなフィルタとなっています。元が淡い写真を自然に修正もできます。

⑩ブリーチ

従来ではあまり使用することはない彩度を落とすような修正が加わるフィルタです。ノスタルジックな雰囲気を出したい場合に効果的な場合がありますが、コンピュータ処理による一括した編集ですので毎度結果を確認して使いましょう。

⑪焼けた

色が薄く赤く変更されます。使い方としてはいわゆる白黒を使いたくなるような場合にこちらを使うことで表現の幅が広がるような使い方が良いかと思います。経年劣化のフィルムの効果とも言えます。

⑫退色

少しくすんだような効果を出すフィルタです。こちらも経年劣化が進んだような表現ですので懐かしい写真などを使用する場合にこちらのフィルタを使用することで、より意図通りの効果を演出できます。

⑬コミックブック

輪郭線を強調して色を淡色に近い色で塗りつぶしたようなフィルタで、マンガ風のイラストに見えることからコミックブックという名前がついてます。

⑭コミック(モノ)

コミックブックをベースに白黒階調で描画されるエフェクトになります。感情表現などを入れたい時や画面に派手なステッカーなどを配置する場合に効果的です。

⑮インク

境界線はコミックブックと似ていますが、色の塗りつぶしもなくしたように見えるフィルタがインクです。コミック(モノ)と一瞬見分けがつきにくい場合もありますが、塗りつぶしの色で判断してみてください。

⑯ビデオカメラ

画質の悪いアナログビデオカメラで撮影したかのように加工されます。これも作り出したい映像に合わせて使うと良いでしょう。このフィルタで撮影する場合、画角を4:3にするとさらに雰囲気が出ます。

⑰古い映画

白黒のフィルム映画のような効果を加えます。これもビデオカメラと同様にこのような雰囲気が適切な内容に合わせて使うことで、少しユーモアのある動画やドラマの演出として使うことができます。

⑱水彩画

色を滲ませて描画することで水彩画で描かれたように見えるフィルタです。撮影している素材によっては綺麗にならないこともあるので、使う際はテスト撮影などをして意図通りに見えるかチェックしておきましょう。

⑲水彩画（モノ）

水彩画の色を白黒にしたようなフィルタです。基本的に境界線や塗りなどの処理は水彩画と同じですので、これも水彩画と同様に事前チェックをして美しく見えるかどうか確認しましょう。

⑳シエナ

中世時代の壁画のような効果を作るフィルタです。境界線をなくし塗りのみで表現するような方法で、色の階調もわざと落として単調になるように加工されます。使い方次第では面白い映像になりますので、思い出を振り返るような演出などに使えるでしょう。

㉑インディゴ

青い顔料を使って描く絵画のような効果を作り出します。非常に使い所が難しいですが、面白い映像になったらラッキーと思うくらいで一度使ってみて良ければ採用するという方針で活用しても良いかと思います。

㉒ビビッド

iPhoneに標準搭載されている写真加工にも使われているフィルタで、色をはっきりさせるという効果があります。とても使いやすく後述するドラマチックと好みでどちらかをメインで使っても良いくらい汎用性があります。

㉓ビビッド（暖）

ビビッドの中でも暖色をより強調した加工が加わります。柔らかい雰囲気を強めたり温かみをさらに強調したりする場合に使うことができ、映像からも優しい印象を得られることが多いです。

㉔ビビッド（冷）

ビビッドの中で寒色系の色を強調します。白っぽいものが多いほど青く白く変化します。空気感が澄んだように感じるため美しいと感じやすい効果が得られます。このフィルタは非常に好まれておりよく使われています。

㉕ドラマチック

ビビッドの色の強調を少し抑え目にしたフィルタです。極端な表現が好みでない方はドラマチックの効果の方が気にいるかもしれません。一度使いやすいと感じたなら、いろんなクリップで使えると思います。

㉖ドラマチック（暖）

標準のドラマチックの中でも暖色を強めたフィルタで後述の冷たいフィルタと好みが二分することが多く、自分はどちら派かを意識することで作品の統一感も生まれますので、フィルタを使う際には早々にチェックしてみてください。

㉗ドラマチック（冷）

自然な美しさに加工されます。一般的にこのフィルタで加工されると映像が良くなったと感じることが多く写真加工でも多用されています。Apple独自の映像処理技術で自然に色の強調が行われています。

㉘モノ

色情報を白黒の階調情報に置き換えたものです。単純に置き換えたものとなりますので、元々の色が濃い場合全体的に暗くなりがちですが、雰囲気を損なわないという場合もありますので適宜選択してください。

㉙シルバートーン

白黒の中でも少し元々の色を考慮して少し明るめに調整されています。一般的に白黒映像とイメージした場合はどちらかというと結果的にこちらの映像が適切に思う場合が多いかと思います。

㉚ノアール

白黒映像に少し経年劣化のような雰囲気を加味して、若干黄色の要素が含まれるように調整されています。ノスタルジックな印象を与えますので、過去を表現するときなどに使うと良いかもしれません。

ためになる話

（85 ページから）演算装置が自社提供できるようになると言わばオーダーメイドのような状態になり細かい部分まで無駄のないバランスを保つことができます。結果、費用に対して速度や消費電力の面で性能向上が見込めます。

字幕をつける（ライブタイトル）

動画編集をやろうと考えるとき、多くの方が字幕の入れ方を確認するのではないでしょうか？

テレビやYouTubeなどでも字幕は多用されていて、字幕のある動画は見やすいとされています。

実際に字幕をつけるという作業はとても大変で、YouTube動画の編集において字幕の追加は大変手間のかかる作業のため、多くのYouTubeクリエイターが挫折するポイントでもあります。

Clipsではそんな字幕に対してどのようなアプローチをしているのでしょうか？

◉ 字幕は実は自動で生成されます

Clipsの字幕は基本的には自動的に生成されています。

もちろんこの自動的に生成された字幕を使うかどうかは、あなた次第ですが裏では動画の内容で発せられた音声を解析して、自動的に字幕を用意してくれています。

どのように表示するかはいくつか選ぶことができますが、字幕の出方を変更することはできませんので、動画のイメージに合ったデザインを選択することになります。

とても凝った動画ほど字幕も凝っており、痒いところに手が届かないと感じることはあるかもしれませんが、Clipsのコンセプトは誰でも簡単に素早く成果を上げるということですので、細かいこだわりは別のアプリで追求することにして、作品を仕上げることに注力しましょう！

＼ためになる話／

Apple TVのリモコンにはテレビの電源をつけたり音量を調整するボタンが存在しています。テレビをApple TVに繋いだ状態にしておけばApple TVの操作はリモコンだけで完結することもできます。

①エフェクトの中からライブタイトルをタップします

②表示されるサンプルを確認しながら使用したいライブタイトルを選択します

③実際に再生してみて表示のされ方や雰囲気を確認します

ためになる話

iPhone 13 Pro シリーズでは被写体の距離に応じて自動的にマクロ（接写）モードで撮影が行われます。この切替は全自動で行われて最短 2cm までレンズを被写体に近づけてもピントが合うようになり、被写体の細かい表面なども撮影できます。

ライブタイトルがオンになっている場合、画面上部にアイコンが表示されます。

◎ 微調整したいは手動で入力

字幕の生成は自動的に行われますが、音声が小さい場合や滑舌が悪い場合などで上手に認識されていない場合があります。

こう言った場合は、直接入力し直すことで字幕のテキストを変えることができます。

中にはぜんぜん音声が聞き取れない状態で、さんざんな字幕が存在している場合もありますが、その場合は思い切って諦めて入力し直すと決めて作業しましょう。

音声の切れ目がわかりづらい時は、不自然な切れ目で出力されている場合もありますが、この場合も細かい微調整はできませんので、クリップを分割するなどして、比較的うまく見えやすい部分を模索してください。

①画面中央の表示されている文字をタップします

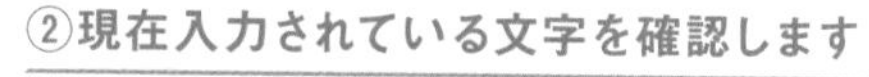

＼ためになる話／

iPhone 13 Pro シリーズでは画面の描画を 1 秒間で最大 120 回書き換える ProMotion テクノロジーを採用しています。毎回 120 回書き換えるとバッテリー消費が激しいため、画面の状況に応じて書き換え回数を変化させバッテリー消耗を抑えつつ品質を上げます。

③変更したい文字に入力しなおして完了ボタンをタップします

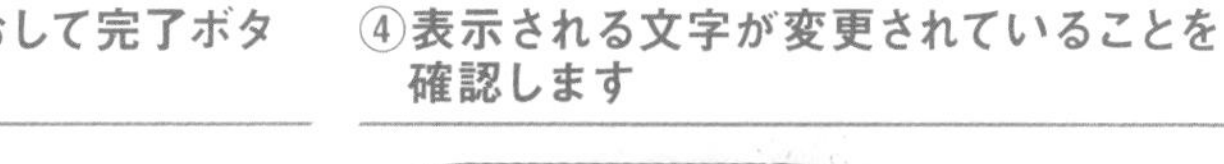

④表示される文字が変更されていることを確認します

◎ ライブタイトルの種類

ライブタイトルは、設定しないという項目も含めて2021年9月時点で19種類指定できます。

①なし

初期状態で選択されています。ライブタイトルがない状態を表しており、他のライブタイトルを設定した後、なにもない状態にしたい場合はこちらを選択します。

②ヘッドライン

2021年に新たに追加されたタイプのライブタイトルでもっとも汎用性があり使いやすさも抜群のデザインです。暗い映像や明るい背景でも一貫して見やすい状態で表示されますので迷ったらこれかもしくは後述のオプティカルを選びましょう。

③オプティカル

ヘッドラインと同時に追加されたライブタイトルでこちらはヘッドラインと違い、黒いテキストに白い背景というデザインになっています。こちらも汎用的で使いやすく、しかも文字の大きさもちょうど良いため本編字幕などで使いやすいです。

④ヘッドライン中央揃え

ヘッドラインの特性はそのままに画面中央に表示されます。使いやすさはヘッドラインと同等ですが背景のあるタイプのライブテキストですので、使い勝手は標準のヘッドラインよりやや落ちるかと思います。

⑤オプティカル中央揃え

使い方を間違えなければ強力な武器となりますが、こちらも背景があるため場合によっては素材の良さを活かせない場合がありますので、過信は禁物です。デザインとしてはオプティカルを画面中央に寄せたデザインとなっています。

⑥静的キャプション下げ

画面下部にライブタイトルを表示しますが、1文全体が動きのない状態で表示されるような演出です。もっとも使いやすい反面個性のないライブタイトルでもあります。背景はうっすら暗く四角形が表示されます。

⑦キャプション下げ

最終的には静的キャプション下げと同じですが、文字の表示のされ方が発生に合わせて表示されるようになります。厳密なタイミングというわけではありませんので不自然になる場合は、素材を再収録するか別のライブタイトルを使用してください。

⑧静的キャプション上げ

画面上部にライブタイトルを表示します。1文全体が動きのない状態で表示されるのも静的キャプション下げと同様ですが、字幕を画面上部に出すのは慣例的に少ないので、画面下部に見せたいものがある場合に避ける目的で使うと良いでしょう。

⑨キャプション上げ

こちらも、画面下部に見せたいものがある場合、避ける目的で使用する場合が多いかと思います。動画のスタイルによって最初からずっと上げポジションのライブタイトルで一貫させるべきかは最初に検討しましょう。

⑩ハイライト

こちらは1文全体が最初に表示されており、その文字が発言に合わせて黄色くハイライトしていきます。語学解説などに利用するとマッチしやすいかと思いますが、タイミングは完全に一致しない場合もありますので注意しましょう。

⑪標準下げ

バックグラウンドが透明で文字自体に影が付いたタイプのライブタイトルが、画面下部中央に配置されます。字幕は自然で良い場合はこちらを選択するとスタイリッシュに仕上がる場合があります。

⑫太字中央揃え

映像よりも表示するテキストに注目させたい場合、もしくは動画中に挿入される状況説明などに使用すると使い勝手が良いです。非常に目立つ反面、本来の映像の上に来ますので映像が主役でない時に使用します。

⑬1単語中央揃え

太字中央揃えを1単語ずつ発音に合わせて表示しますが、本来英語の1単語を表示することを目的とした処理のため、日本語では不自然に表示されてしまいます。上手に使えるシーンは少ないかと思いますが、候補には置いておきましょう。

⑭1単語下げ

1単語中央揃えよりはまだ使いやすい印象はありますが、字幕としては見づらいため発音が強調されているようなシーンで特殊効果的な意味合いで使う方がまだ使い出があるかもしれません。

⑮3行下げ

1単語ずつ表示されていきますが、行送りがスクロールになっています。長台詞などを表示する場合、前後のつながりがわかりやすいため、この3行下げを使うと自然で見やすい動画になる可能性が高いです。

⑯太字下げ

標準下げのスタイルに文字を太字にしているバージョンです。動画雰囲気によってはこちらの方が見やすい場合があります。文字が良くも悪くも強調されますので、オシャレという雰囲気は多少損なうかもしれません。

⑰ボールド バー

極太の色のついた背景が画面下部に表示されます。透明や半透明の背景ではどうしても都合が悪い場合にこちらのライブタイトルを設定すると良い場合もあるかもしれませんが、どちらかというとタイトルっぽい一発もののアクセント向きでしょう。

⑱角丸下げ

ボールド バーの外周が角丸となっており特徴的なデザインの割に形状自体は一般的な字幕っぽいので用途がわかりづらい部分があります。サブタイトルなどに使うとマッチする場合があるかもしれません。

⑲手書き

白い用紙に黒い文字が出てくるような表現ですが、日本語環境だとこちらも自然に見えづらいため、特別な演出として一発もののアクセントとして使っていく方が製作がスムーズに進むかと思います。

シーン

シーンは他の機能と違って実用性よりもお遊び要素の強い機能となっており、ピクサーなど版権物の素材も使われており、一企業が無料で提供しているアプリの機能とは思えない贅沢さとなっています。

特にお子さんに見せる動画などを作る場合、とても面白い見た目の動画になるためウケも非常に良いですので、適材適所でぜひ使ってみてください。

この機能はFace IDのセンサーを利用して動作するため、対応していない機種ではそもそもシーンの撮影モードを選べませんので、ご注意ください。

ためになる話

iPhone 12などに搭載されているU1チップはチップ同士の位置を正確に計測できます。忘れ物防止タグのAirTagなどに使われていますが、もともとは巨大な倉庫の中の品物をロボットに正確に取りに行かせるなどの目的で作られました。

◎ シーンの仕組み

iPhoneの顔認証機能であるFace IDのセンサーを利用して、顔の位置や距離感、さらにiPhoneの傾きセンサーを使用してカメラが向いている方向などを使って、CG映像を合成して表示してくれます。

Clipsの大原則に従って、このまま撮影をするとCG処理された映像がそのままクリップとして保存されます。

①iPhoneのセンサーを利用していつもの背景を…

②楽しくて愉快な背景に差し替えることができます

◎ シーンの種類

シーンの種類はバージョンアップで増える場合がありますが、2021年9月現在は次のようなものがあります。

＼ためになる話／

HomePod miniにはインターコムという機能があり、家の各部屋にHomePod miniを置いてあると部屋内の内線のようなことができるだけでなく、家の外から家のインターコムに伝言を入れることもできます。

①なし

すべてのシーン情報を削除して、撮影した時のままの状態になります。初期状態ではこの設定が適用されています。

②トロピカル

背景を赤い葉っぱのデザインで覆い隠します。正面にいる人物のカラーも背景にマッチしやすい彩色に変更されますのでシーンのイメージに合う内容の動画に対して使うことができます。

③熱波

気候に関する名称となっていますが暑い時に使うだけでなく、動画の内容が情熱的だったりと使うシーンは発想次第で大きく使うこともできますので、仮で適用して雰囲気を見てみるのも良いでしょう。

④熱帯雨林

前述のトロピカルや熱波に比べて人物も暗く設定されますので、少し使い勝手は落ちますが、これも暗い雰囲気の動画に使うことで逆に統一感を持たせることもできます。一度は効果を確認すると良いです。

⑤オアシス

名称はオアシスですが涼しげというよりも少し怪しげな雰囲気もあります。イメージに合う動画と合わせることでより動画の内容を強調できる場合もあるかと思いますので、候補に入れておきましょう。

⑥ソーラー

背景を隠しつつ綺麗な映像になりやすいので、小さな女の子がいるご家庭などでは使ってあげると喜んでもらえるかもしれません。被写体のカラーも大きく変更されずイメージ通りになりやすいです。

⑦サンバースト

ソーラーから比べると少しピンクに寄った表現になっていますが、ソーラーと同様に使いやすい配色かと思います。どちらを採用するかはお好みになってしまいますが、どちらも確認した上で使いましょう。

⑧白昼夢

後述の空というシーンは背景に音声が含まれますが、こちらの場合は音声は重要ではなくリアリティよりも幻想的なイメージで作成されているシーンになります。回想などにも使えるかもしれません。

⑨マジックアワー

前述の白昼夢よりも夕焼け色の強いものとなっており、人物の顔にも少し赤みがつきます。使用シーンは選ぶかもしれませんが、白昼夢のバリエーション違いとしてマッチしそうな時に使用しましょう。

⑩雲

背景となる雲がとても美しいシーンです。風の音などが効果音として追加されます。地面に当たる部分がなく自分が空中を浮いてるように見えますので、横だけでなく上からの撮影をしても面白いかもしれません。

⑪西部劇

西部劇の決闘のワンシーンのような背景です。相手役のガンマンが後ろから狙っているような演出をしても良いですし、使い方次第でかっこいい動画になるかもしれません。鳥の声とハーモニカのBGMも特徴的です。

⑫広い裏庭

自分が小さくなって昆虫の世界に迷い込んだような背景のシーンです。小さな虫の羽音とカエルの鳴き声、そして特徴的な食べかけの大きなリンゴがあります。Appleマークのようにも見えますね。

⑬モンスター研究所

不気味な化学実験室のような部屋で、まるで自分が科学の力で生み出されたモンスターになったかのような演出がなされています。時々ピカッと画面が光りますが、光るタイミングには法則がありますので、うまく使えば面白い動画になるかもしれません。

⑭動物達の森

アニメーションの世界で描かれた自然豊かな森が背景です。舞い落ちる葉っぱやせせらぎのBGMなど見ているだけで癒されるシーンに仕上がっています。このシーンを撮影した動画で癒しのムービーにしてもいいかもしれないですね。

⑮ミュニシバーグの騒乱

どんなキャラクターがいるか
実際に見て確かめてみてください

ピクサーが製作したフルCGアニメの『Mr.インクレディブル』をモチーフにしたシーンです。同アニメーションが好きなお子様などに見せると楽しんでくれるのではないでしょうか？

⑯未来都市

ネオンサインと高層ビル。漢字の看板があるところを見ると香港などが元ネタになっていると思われます。周囲360度でネオンの雰囲気も変わるため、何度でも使いやすい背景なのではないでしょうか。

⑰リバーフロント

セル画アニメのような描画方法を使って、都会の川沿いのシーンが表現されています。背景のタッチに合わせて写り込む自分の姿もセル画調のエフェクトが自動的にかかるようになっています。

⑱スケッチブック

どことなくパリを思わせる風景ですが、すべてが線画で構成されています。写り込む自分も線画のエフェクトがかかります。よく見ると背景の中にいる人などは動いており芸が細かい演出がたくさんみられます。

⑲8ビット

ゲームの世界のような表現手法の世界に飛び込んだようです。BGMも往年のテレビゲームのような効果音が使われており、空に浮かんだ得点表示などが特徴的です。使い方が難しいですがお遊びにはもってこいでしょう。

⑳ティーガーデン

基本となるのはスケッチブックのような線画ですが、こちらは桜のような木に特徴的な彩色がされており、非常に印象的で情緒がある背景になっています。メッセージビデオなどで使えるかもしれません。

㉑街の風景

夕焼けをバックに少し淋しげな街っぽい要素が背景に散りばめられています。遠近法が独特で見る人の感情に訴えかけるような使い方ができるかもしれません。BGMもほぼないのでBGMによって印象を変えやすいです。

㉒銀河

さまざまな惑星が自分の周りにたくさん配置されており、宇宙というよりまさに銀河という印象のシーンです。賑やかな見た目なのと、自分の後ろに配置する星の印象によって表情の違う動画が撮影できます。

㉓ステッカー

部屋中に所狭しと貼られたステッカーがあるような、そんなシーンです。汎用性が高く無機質な背景でそのまま撮影するのではなく、楽しく感じられるアクセントが欲しいときに使える実用的なシーンです。

㉔グラフィティ

カラフルな線の模様を背景に撮影できます。自分の周りにも線が描画されますが、撮影したい内容とマッチすればおしゃれな動画になるかもしれません。背景と被写体の明るさのバランスに気をつけましょう。

㉕筆書

油絵具で背景を塗りつぶしているような動きのある背景です。色が単色しかありませんので撮りたい動画のイメージと違う場合もあるかもしれませんが、無機質な背景よりも使いやすいという場合もあると思います。

テキスト

テキストは一見字幕のように思うことがあるかもしれませんが、どちらかというとステッカーの延長という存在になります。

応用としては字幕として使うこともできますが、デザインが派手なものが多いため、クリップの印象を変えてしまうようなインパクトがありますので、用途を把握した上でうまく使ってください。

ためになる話

AirPods シリーズには同一の Apple ID で利用している端末間で自動的に接続が切り替わる機能があります。１社で提供しているからこそできる大変優れた使用感であるため、イヤホンに便利さを求める方にはオススメです。

①エフェクトのアイコンをタップします

③挿入したいテキストの画像をタップします

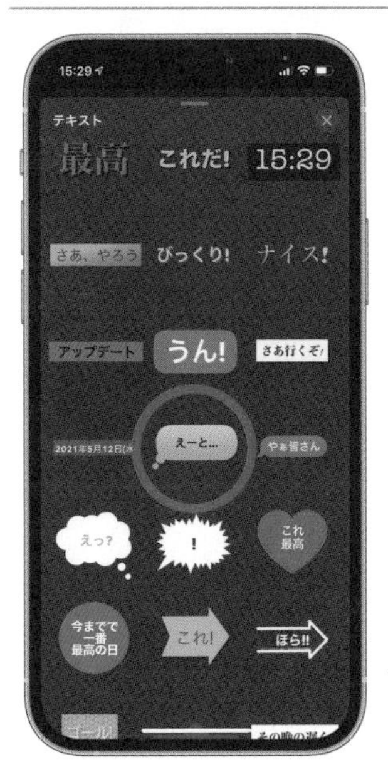

④挿入されたテキストの位置を調整します

＼ためになる話／

AirPods Pro シリーズに搭載されているノイズキャンセル機能は、耳の外から聞こえてくる音と反発する音を瞬時に生成して鼓膜上で音を打ち消しています。トランポリンが 2 人では弾むのが難しいのと同じ理屈です。

また、テキストは絵文字やステッカーと同じ機能が備わっているだけでなく、テキスト独自の機能として、中に表示される文字を編集することができます。

入力された文字は、その吹き出しのデザインにあった色使いやデザインに自動的に変更され、絵心がない方がご自分で調整することなく統一感のある状態になってくれます。

①画面に配置されたテキストをタップして表示される編集ボタンをタップします

②文字が編集できるようになります

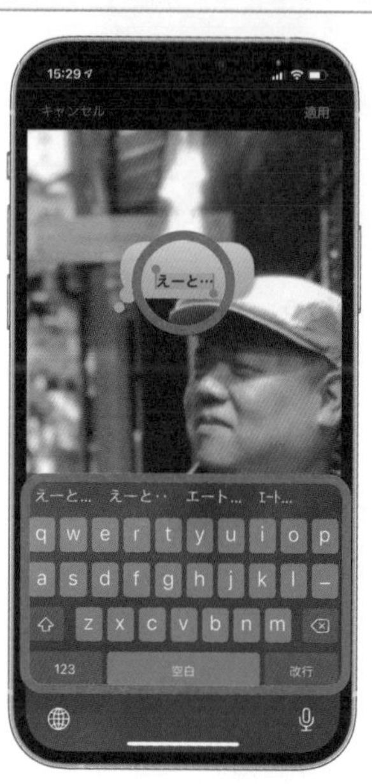

＼ためになる話／

iPhone 13とiPhone 12ではレンズそのものの性能は変わっていませんが、センサーサイズがiPhone 13の方が大きいため、暗所の撮影でノイズが出づらいという特徴が備わっています。手軽に撮影できるiPhoneだからこそ幅いろい撮影が可能だと嬉しいですね。

③変更したい文言にキーボードを使用して入力しなおします

④テキストの外側をタップすると入力した文字が確定します

誤って追加したテキストももちろん後から削除することができます。

①画面に配置されたテキストをタップして表示される削除ボタンをタップします

②誤って追加したテキストが削除されました

ステッカー

ステッカーは絵文字とは違い、Appleが独自に用意したイラスト風の画像を画面上に配置する機能です。

大まかな挙動は絵文字と同じですが、ステッカーの方は大きさなど様々あり、派手さはステッカーの方が勝ります。

その反面、種類には限界がありますので、上手に使って動画の内容を派手に飾っていきましょう。

①エフェクトのアイコンをタップします

②ステッカーのアイコンをタップします

＼ためになる話／

AirDropはApple製品同士で簡単に写真や書類の転送ができる機能です。この機能はまずBluetoothで相互に相手を確認した後、一時的に端末同士がWi-Fiで直接繋がって通信するため砂漠の真ん中でも高速でデータの移動が可能です。

③挿入したいステッカーをタップします

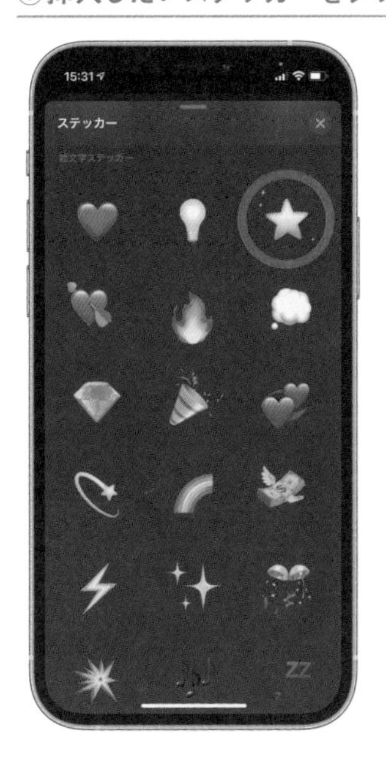

④挿入されたステッカーの位置を調整します

ステッカーもリアルタイム撮影時には空間に配置することができます。配置した場合は斜めから見るなどして意図どおりの位置にあるか確認しましょう。

テキスト同様にステッカーも誤って挿入したものは削除することができます。

①画面に配置されたステッカーをタップして表示される削除ボタンをタップします

②誤って追加したステッカーが削除されました

絵文字

絵文字は世界標準となりましたが、その絵文字をクリップの中に登場させることができます。

見慣れた絵文字はイラストを使った感情表現の中では比較的伝わりやすい部類に入りますし、普段から絵文字は目にする機会も多くどんなものが存在しているのかも、どことなく記憶にある方もいらっしゃるかと思います。

絵文字の配置もとてもシンプルです。

①エフェクトのアイコンをタップします

②絵文字のアイコンをタップします

ためになる話

AirDropで知らない人から送信リクエストが来ないようにAirDropの設定で連絡先に登録してある人からしかリクエストを受けないようにしましょう。ちなみに知らない人から画像を送られても受信しなければ中身を目にすることはありません。

③挿入したい絵文字の画像をタップします

④挿入された絵文字の位置を調整します

絵文字は文字のように取り扱うことができますので、位置関係はそのままに編集することも可能です。

①画面に配置された絵文字をタップして表示される編集ボタンをタップします

②絵文字が編集できるようになります

③変更したい絵文字にキーボードを使用して入力しなおします

④絵文字の外側をタップすると入力した絵文字が確定します

ほかのエフェクト同様に絵文字も同様の操作で削除することも可能です。

①画面に配置された絵文字をタップして表示される削除ボタンをタップします

②誤って追加した絵文字が削除されました

また、リアルタイム撮影時に絵文字を登場させておくことができ、この場合は空間上に絵文字を配置することもできるため、自分の顔についてくるなどといった表現が可能です。

撮影と同時に加工する

一通りのエフェクト機能をここまででご紹介してきましたが、リアルタイム撮影では先にご紹介したさまざまなエフェクト機能を撮影と同時に適用することができます。iPhoneの高度な処理能力が可能にした操作感と言えると思います。

エフェクト付き撮影の目的

エフェクトを加えながら撮影する目的は大きく２つあります。

１つ目は動画の仕上がりを確認しながら撮影ができるということで、特に見た目が大きく変わったり、画面でしか見えないものの位置を確認しながら被写体が画面上のどの位置にあれば良いのかを確かめながら撮影するのに向いています。

その結果取り直しの発生を減らすことができます。

２つ目は動画の完成までの時間が短くできるという点で、本来素材を撮影してその後編集やエフェクトを加えていくことになるのですが、あらかじめエフェクトが加わっており、しかも微調整が必要な部分はあらかじめ撮影時に見た目を確認しながら撮影しています。

結果的に完成までの時間を短くできるというのがエフェクト付き撮影のメリットです。

エフェクト付き撮影の撮影時の注意

エフェクト付き撮影は、試行錯誤をある程度撮影現場で行うため、各種エフェクトに精通していなければ、咄嗟に加工すべきものを設定して撮影まで行うことは難しいです。

その結果中途半端な素材になってしまうこともあり、いきなりエフェクト付き撮影をするよりも、まずは撮影してからエフェクトを加える工程で成熟してから、エ

＼ためになる話／

Apple製品同士で電話のように簡単にビデオ通話ができるFaceTimeですが音声のみの会話も可能です。無料通話といえばLINEが有名ですがFaceTimeオーディオなら完全に準備不要で利用できます。

フェクト付き撮影に挑戦するのが良いかと思います。

◎ ミー文字撮影時

ミー文字は表情を読み取ってミー文字自体が表情を再現してくれますが、よくできていると言っても、やはり簡素化した表情ですので本来の細かい表情を再現できるわけではありません。

そこで撮影前にどのような表情をするとミー文字がどのような顔になるのかは十分確認した上で撮影を行ってください。

何度も取り直しが効くのであれば良いですが撮影と同時に加工しようとする場合、取り直しが効かない場合もありますので、その分事前確認は入念に行いましょう。

◎ ライブタイトル撮影時

ライブタイトルはエフェクト付き撮影においてはとても有効ですが、ライブタイトルが完全に発言を認識するには相当滑舌良く話す必要があります。

多くの場合、抑揚によって上手に認識しない場合もありますので、一発どりでライブタイトルまでうまく入力されることは目指さず、ライブタイトルは後からでも入力し直すことができますので、あくまで動画素材が自然で問題なければ良いという判断基準を持った方がスムーズに進む場合もあります。

◎ シーン撮影時

シーンはほとんどの場合、全方位360度背景が存在していますので、今現在撮影する画角がシーン状の背景の見せたい箇所と合致しているか確認する必要があります。

時には被写体を少し中央から外さなければ背景の良い部分が見えないということもありますので、しっかり構図を確認した上で撮影を開始しましょう。

もし調整しても画角が合わない場合、カメラとの距離に問題がある可能性もありますので、その点も注意してみてください。

＼ためになる話／

Apple Watchの振動がイマイチ感じづらいと言う方は、バンドを軽量なものに変えてみてください。重たいバンドは振動を押さえてしまう傾向があるので、腕が感じづらくなっている可能性があります。

◎ ステッカー等撮影時

ステッカーは多くの場合あとから入れることが多いですが、事前に入れる場合は撮影時のアングルの変化などに気をつけて撮影してください。

特に画面をしっかり見ながら撮影しなければ、いつの間にか被写体に不自然に被っていたり、ステッカーの向きがおかしくなったりする場合もあります。

そういう場合は無理せずクリップを切り新しいクリップとして作成した方がうまくいく場合もあります。

Apple Watch の標準的なバンドであるスポーツバンドに使われているフルオロエラストマーという素材は、熱や汚れに強く、劣化しにくく変色しにくい、柔軟で最適な素材です。シリコンとは異なるので 1 本は持っておくと良いです。

BGMを付ける

動画が一通り完成したら、最後に音楽を付けることができます。

Clipsで挿入できる音楽はAppleが独自に用意した楽曲で、これらの曲は著作権フリーとなっており、動画の中で使用したものをネット上などに上げても問題ないようになっていますので、無理に著作権が明確でない楽曲を使うよりもよっぽど安全に創作物に組み込むことができます。

BGMの付け方

BGMの挿入画面は録画画面から移行することができますので、何度も視聴をして雰囲気の合う曲を選定してください。

①右上の音符マークをタップします

②サウンドトラックをタップします

＼ためになる話／

iPhoneの入力中に空白（スペース）キーを長押ししたまま指を移動すると、文字入力のためのカーソルがマウスのように動きます。簡単に適切な位置に移動できますので基本操作として覚えておくと良いでしょう。

③灰色の文字をタップするとダウンロードが始まります

④文字が白くなったら再生できますのでタップします

⑤視聴してよいと思ったら左上の戻るボタンを押します

⑥動画と合わせて再生して雰囲気を最終確認します

ためになる話

iPhoneの画面上の文字をダブルタップすると単語が選択された状態になります。トリプルタップをすると1文が選択できます。入力中だけでなくWeb上の文字などあらゆる所で使える共通操作です。

なんとBGMは自動編曲機能付き

さらに驚くべきことに、このClips用の音楽には動画の長さに合わせて自動的に音楽の長さも調節してくれる機能があります。

そのためテストで挿入した音楽も自然と動画とマッチした状態で再生されるために、基本的に意図しない雰囲気の曲でない限りは自然な感じに仕上がります。

このような音楽を数学的に解釈して自然にリアルタイムに加工するのもiPhoneの性能が向上したおかげです。

ためになる話

iPhoneで文字を選択した状態で選択部分をタップすると"調べる"という項目があります。本来は内蔵辞書で調べる機能ですが、そのままインターネット検索できるボタンがありますので調べ物をする際にとても重宝します。

完成した動画を書き出す

一通り完成したと思ったら、動画を誰でも見られる形式にして出力しましょう。

ここで出力したものはいわゆる完成品のような扱いとなりますので、以後動画を再編集しても書き出した動画が変わることはありません。

Clipsでは動画を書き出す前に簡単に何度も再生し直すことができるので、しっかりチェックした上で極力修正箇所のない状態で書き出しましょう。

書き出す方法

書き出した後の扱いは色々選択できますが、ここでのオススメは写真アプリに書き出すことをオススメします。

iPhoneの写真アプリはすべての動画や写真を集中管理する役割があり、あらゆるアプリからアクセスすることもできますし、とにかく取り回しが良くなります。

①画面右下の共有マークをタップします

②ビデオを保存をタップします

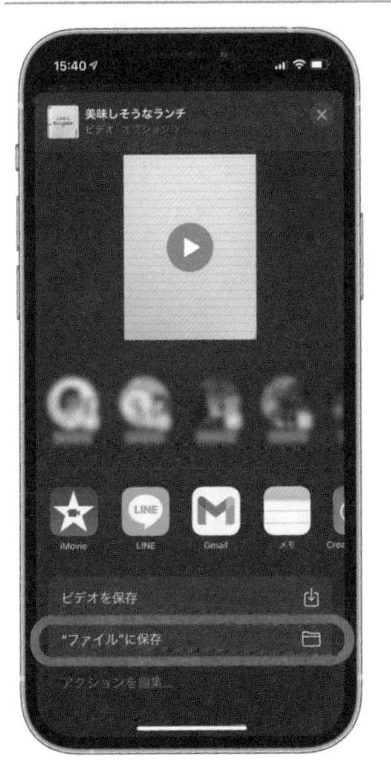

③書き出しが完了するまで待機します

④書き出しが完了しました

⑤書き出された動画は写真アプリから確認します

⑥書き出された動画をタップしてテスト再生します

また書き出しの際に動画のアスペクト比や画面の向きを指定して書き出すためにオプションが用意されていますので、アスペクト比率の混在した動画や向きがおかしい場合には指定をし直してください。

①画面右下の共有マークをタップします

②オプションをタップします

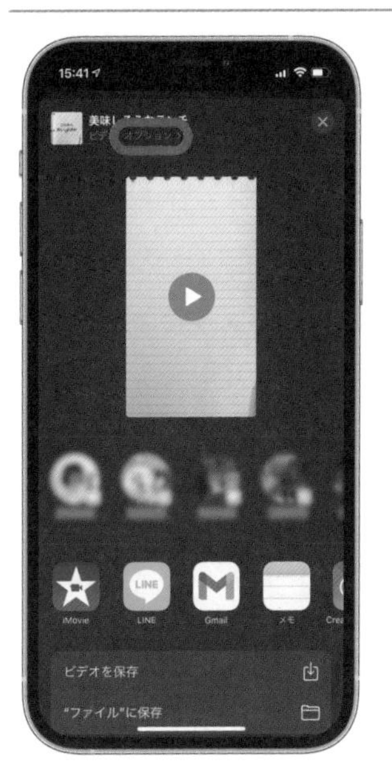

③書き出したい動画の設定に変更します

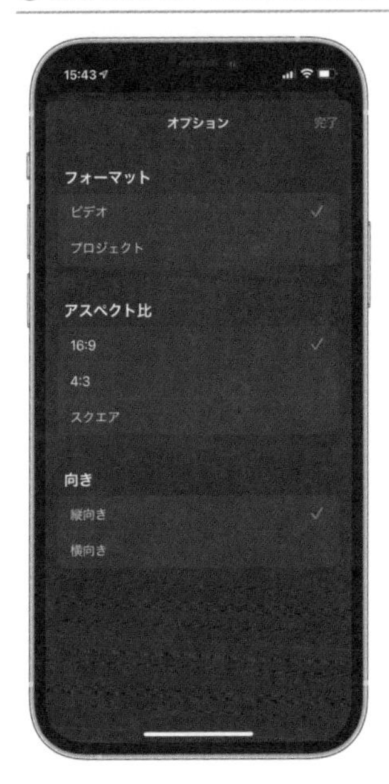

＼ためになる話／

iPhoneで直前に行った文字削除などを取り消すにはiPhoneを振るか、3本指で画面内を右から左にスワイプしてください。iPadは振るよりも3本指の方が使いやすいでしょう。

プロジェクト管理

冒頭でまずはプロジェクトを作成してから、製作作業を開始しました。

このプロジェクトというのは、1つの動画を仕上げるために撮影した動画を格納するだけでなく、写真アプリにある動画を参照しているという情報や、それぞれのクリップの長さ、なんというエフェクトが設定されているかなどを1つの箱に入れて管理しているような存在です。

プロジェクトの保管先

プロジェクト自体もデータの塊として存在しており、これは通常iPhoneを通じてiCloudに自動的に保管されています。

iCloudの補完領域を使用していますので、通常5GBまでは無料で保管できますが、iCloudは写真データや端末のバックアップ、ファイルアプリなど様々な用途で使用されており、そちらのデータですでに無料の領域を超えているかもしれません。

Clipsのために容量を拡張するのはいささけ気が引けますが、撮影した写真や動画は故障や端末の機種変更により失うことは避けたいはずですので、動画の保存領域を確保しておいていただきたいです。

月額130円で5GBから50GBに保存領域が拡張されます。

プロジェクト一覧からは不要になった

もう編集しなくなりプロジェクトの画面からは消したいが、データがなくなっては困るという場合は、プロジェクトを1つのパッケージとしてまとめて外部に書き出すこともできます。

＼ためになる話／

電話アプリを使用中、6つ並んだアイコンの右上をタップすると音声の出力先を選べます。イヤホンやスピーカーにすることでiPhoneを耳から離しても良い状態になりますので、両手が使えるようになります（次ページへ続く）。

①画面右下の共有マークをタップします

②オプションをタップします

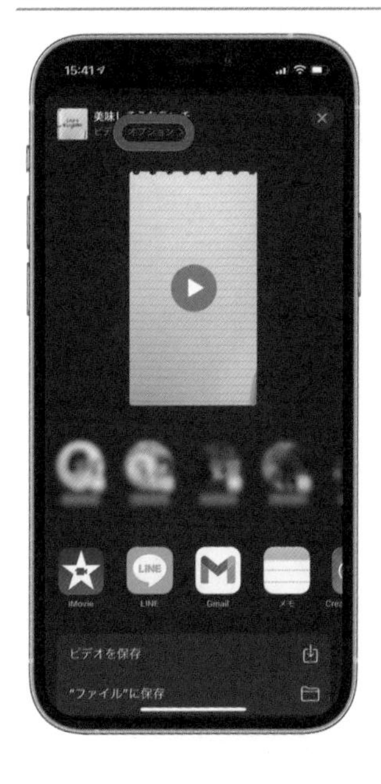

③保存のフォーマットをプロジェクトに変更して完了をタップします

④"ファイル"に保存をタップします

ためになる話

(前ページから) 電話中にハンズフリーにできたらホーム画面に戻る操作をしてみましょう。通話したままメモを取ったりカレンダーの確認などができますので、俄然痒い所に手が届くようになります。戻りたい時は画面上部の緑の時計をタップします。

⑤保存先を選んで保存をタップします

⑥保存されたプロジェクトはファイルアプリから確認します

⑦プロジェクトが保存されていることを確認します

ためになる話

iPhone だけに使える知識ではありませんが、電話のテストに使えるのが時報です。“117” に掛ければ良いのですが、覚え方は「ピッ！　ピッ！　ポーン」という時報の音をイメージすると覚えやすいです。

書き出されたプロジェクトは1つのファイルになりますので、この状態で保管できれば Clips のプロジェクト画面からは消すことができます。

①プロジェクト表示ボタンをタップします

②削除したい動画を長押しします

③プロジェクトオプションから削除をタップします

④間違いないかを確認した上で削除をタップします

外部に書き出したデータを再びプロジェクト画面に戻したい場合は、ファイルアプリを使います。

ここで選択できるプロジェクトは事前にファイルにプロジェクトを書き出している場合にのみ利用することができますので、バックアップのつもりで事前に書き出しておくと誤って削除した際にも有効です。

①ファイルアプリをタップします

②保存してあるプロジェクトデータをタップします

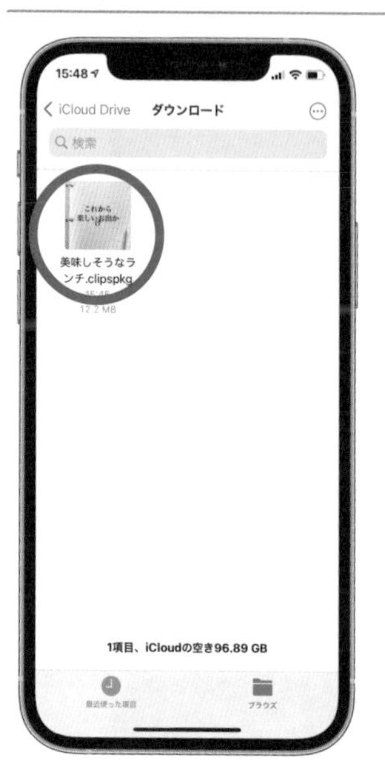

＼ためになる話／

Apple 製品には iPhone と同じ Apple ID で同じ Wi-Fi に繋がっている iPad や Mac からでも電話が発信できたり着信できる機能があります。Apple 製品で統一しているからこそ可能な便利な連携機能です（次ページへ続く）。

③右上の共有ボタンをタップします

④Clipsのアイコンを選択します

⑤Clipsのプロジェクト画面でプロジェクトが戻っていることを確認します

ためになる話

（前ページから）他にも同じく同一 Apple ID で同一 Wi-Fi の場合、文字や写真、動画などでもコピーした後、そのまま別の端末でペーストする操作をすると端末を超えてコピペができます。これがユニバーサルクリップボードです（次ページへ続く）。

プロジェクトのデータ内容

プロジェクトデータの中身には次のようなものがあり、これらの内容を常に把握しておく必要はありませんが、特に写真アプリとのデータの参照については理解しておかなければ、誤って写真アプリ上のデータを消してしまった場合、Clips上のプロジェクトでも素材がなくなってしまったという扱いになってしまいます。

◆プロジェクトの名前
◆Clips内で撮影した動画
◆Clips内で撮影した写真
◆写真アプリにある動画の参照
◆写真アプリにある写真の参照
◆どのクリップがどんな長さであるか
◆どのクリップにどのようなエフェクトが設定されているか
◆Clipsで用意してあるBGMの場合はその参照
◆iPhone内にあるBGMを使用した場合その参照

プロジェクト管理のコツ

特に参照とされているものは、元データがなくなってしまうとプロジェクトが成立しなくなりますのでご注意ください。

うまく管理していくコツは素材となったものは消さないという方法と、完成してしまったプロジェクトからは動画を書き出しておいて、プロジェクトは以後使わないという考え方でも良いです。

プロのクリエイターであれば、作ったもののプロジェクトデータの管理というのは重要ですが、多くの方は完成させることが目的であり、作ったものの管理を頭の中で考えておくこと自体がハイコストです。

最悪、参照できなくなってもそれはそれで良いという使い方が良いでしょう。

＼ためになる話／

（前ページから）さらに同一 Apple ID 同一 Wi-Fi の場合、Safari を見ながら帰宅して iPad を開いた場合、画面下部の Dock に Safari のアイコンが出ます。これをタップすると iPhone で見ていた続きが iPad で見られます。

Chapter

4

超簡単に周りをあっと驚かせる「iMovie」予告編機能を使おう！

iMovieの予告編機能とは

iMovieはAppleが初心者向けの動画編集ソフトとしてリリースしたものですが、その進化の過程でAppleはiMovieの位置付けを変化させてきました。

通常の動画編集の工程は、優しく噛み砕いだとしても専門性の必要な部分があり、そこが初心者向けと謳うにはどうしてもマッチしない部分があるからだと考えられます。

結果的に現在ではClipsを入門用のアプリとして位置付けていますが、Clipsが登場する前に、本格的な動画編集を目指したい方が、動画の作成工程も楽しく体験し、しかも完成品を身近な人に見せたくなるような、そんな動画を作るためにAppleが提供したのが、今からご紹介する予告編機能です。

予告編機能で作れる動画

予告編という名称から推察できるように、この機能を使って作られた動画は映画の予告編を思わせる30秒から1分程度の動画を作ることができます。

映画の予告編をご覧になった方ならわかると思いますが、本来映画は1時間や2時間など長時間あるものがほとんどですが、実際に映画の予告編も30秒程度の内容で映画のある1テーマが伝わり、見ている人が面白そうだ、楽しそうだ、はたまた怖そうだと感じるような内容に仕上がっていると思います。

予告編機能では、例えばプライベートな旅行の記録という膨大な思い出をAppleが用意したテンプレートに当てはめていき、面白おかしく、時にはドラマチックに演出して、その魅力を30秒程度にぎゅっと凝縮したような動画を作ることができます。

体裁が映画の予告編のような雰囲気ですので、見ている人もどことなくそれらしい雰囲気を感じることができ、演出そのものが映画の予告編というパッケージに収まっているので、画面の指示に従っていくだけで良いものに仕上がります。

ためになる話

純正リマインダーの日時は期限を設定するよりもそのタスクを始める日時を設定しましょう。通知が来るまではそのタスクは忘れていても通知が来れば思い出すことができますのでそこから作業を始められます。

テンプレートを見てみよう

テンプレートとは決められた型に対して動画を当てはめていくだけで、テンプレートの意図に沿った動画を作成できるというものです。

実際に用意されているテンプレートの数だけ、予告編の雰囲気が存在していますので、まずはテンプレートの全てを一度見てみることをお勧めします。

テンプレートの見方

まずは仮で新規のプロジェクトを作成して、そのプロジェクトで使用する予告編のテンプレートを確認する画面で内容を見ていきましょう。

①iMovieのアイコンをタップします

②＋アイコンをタップします

＼ためになる話／

純正リマインダーにタスクを入れるコツは「牛乳」ではなく「コンビニで牛乳を買う」など行動に移しやすい表現にすると思い出すのに頭を使わなくて良くなりますのでオススメです。

③予告編をタップします

④見たい予告編のテンプレートを選び再生ボタンをタップします

各テンプレートの解説

ここでは各予告編の基礎となるテンプレートの内容とオススメの使い方について解説してきます。

＼ためになる話／

計算機アプリを使用中にiPhoneを回転させると、押せるボタンが大きく増加します。この計算機は関数計算機といい数学的な計算をすることができます。ボタンの機能は一般的なものが揃っていますので、気になる方は調べてみてください。

① アドレナリン

タイトル：『OFF ROAD』	総再生時間：1分4秒

オフロード自転車を楽しむレジャーの際の動画を利用して、架空のレースに出場するという雰囲気に仕上げた動画になっています。

スリリングなスポーツを楽しむようなイベントがある際に、このテンプレートの雰囲気がマッチすると思われます。

BGMは早い段階で本編のようなパートに突入しますので、準備段階のパートの動画や文字演出で前提がわかるような説明ができるように考えておければ尚良しです。

途中のテキスト表示の演出は若干スピード感があるような映像表現となっていますので、使われる素材もどこかにスピード感があるようなものだと良いと思いますが、最終的な仕上がりに違和感がなければ使い勝手は良いでしょう。

②インディ

タイトル：『恋するヨーロッパ』	総再生時間：58秒

友達もしくは恋人や夫婦が旅行をした際の動画を利用して、付き合って間もないカップルが旅行を通して愛情を深めて行くと言う雰囲気に仕上げた動画です。

BGMが大きく2段階になっており、旅行に行き絆が深まる様子を表現するパートと、仲が進展してテンポの上がったパートに分かれています。

比較的文字による演出の主張が少なく、映像がテンポ良く切り替わっていきますので、楽しい準備から楽しい瞬間という風に素材を使い分けるだけで、まとまった動画に仕上がります。

ハートマークなどが若干使われていますが、爽やかなイメージですので、恋愛表現に拘らず和気あいあいとした雰囲気の動画としても仕上げることができるでしょう。

ためになる話

ボイスメモアプリは録音した音声をiCloudで同期します。例えばiPhoneで会議中に録音したものは、後からiPadで音声を聴きながら議事録を作成したりするということができます。

③インド映画

タイトル：『Passport to Paradise』	総再生時間：1分7秒

仲のいい友達同士で撮影したおふざけの様子の動画を、インド映画の賑やかな雰囲気に乗せてダンスなどの楽しい演出としてまとめ上げた動画です。

文字演出やBGMがいかにもインド映画のような演出になっていますので、偶然撮影したホームビデオをこのテンプレートに収めることは難しい可能性が高いです。

このテンプレートは、これから行う旅行やレジャーのイベントの際に、必要な秒数の動画を必要なだけ撮影したり、わざとらしいアクションをしてもらいながら素材となる動画を撮影する、といった撮影方法に適したテンプレートだと思います。

テンプレートでは大人のグループですが、小さなお子さんが好き勝手に遊ぶ様子を必要なだけ用意できれば、とても楽しげで周りの大人も笑える仕上がりになるかと思います。

アイデア次第では大きく化けるテンプレートだと思います。

④おとぎ話

タイトル：『The Princess Tales』	総再生時間：1分2秒

プリンセスの仮装で開催された女の子の誕生日会のホームビデオを、魔法の国の誕生日会という演出で仕上げた動画です。

古い本のページをめくっていくという文字演出で物語のような進行をとっており、BGMも徐々に盛り上がって行くような表現となっています。

夢や希望、友情、可愛らしさ、魔法っぽいなどをテーマにした動画にはピッタリで女の子だけでなく希望に満ち溢れた男の子を主人公にした動画などにも使えるでしょう。

盛り上がりのピークが実は動画の中盤にあるので、素材の撮影は楽しく夢があると感じられるシーンを多くとっておく必要があることに注意しましょう。そこに注意して素材を用意しないと、素材選びが難航するかもしれません。

ためになる話

タイマーアプリでもっとも簡単にタイマーをセットするのはSiriに「Hey Siri, 3分タイマー」と伝えることです。もしHey Siriと言って反応しない場合は、設定→Siriの項目でHey Siriに反応するように設定できます。

⑤スーパーヒーロー

タイトル：『SUPER FAMILY』	総再生時間：59 秒

家族で公園に出掛けて元気よく遊ぶホームビデオを素材にして、普通の家族が実はスーパーヒーローだったという演出に仕上げた動画です。

普通という状態から急にパワフルという状態に変換する演出になっており、「実は○○」ということを活かした動画を作る時にマッチしやすい場合があります。

2〜4人の登場人物を想定としていますが、これは名前を出すシーンが用意されてるためで、表現の仕方を工夫してしまえば人物の紹介に使わなくても良いです。

この発想さえ持つことができれば、パワフルな印象の映像用のテンプレートとして使えますので、ぜひ柔軟な発想で利用していただきたいです。

真面目そうに見えるお子さんが実はヤンチャだとか、普段はおとなしいおじいちゃんが破天荒な趣味があるとか、そのような意外性のあるものの時に使うと良いでしょう。

⑥ティーン

タイトル：『最高の夏休み』	総再生時間：1 分 24 秒

若者たちの遊園地で遊ぶ様子を撮影したホームビデオを、アメリカの10代の若者が登場する青春ドラマのような演出に仕上げたものになります。

文字演出はノートのようなものに鉛筆書きのイラストがあり、学生のような雰囲気を出していますので、この演出に合うような内容が良いかと思いますが、違和感がないようであればいろいろな用途に使えます。

このテンプレートは1分24秒あり少し長めのテンプレートとなっています。長さとしては「たった30秒程度」と思うかもしれませんが、素材としてはそれ以上に用意が必要となるため、素材の撮影数は十分に確保しておく必要があります。

素材の数さえあれば、BGMは比較的抑揚はなく最後まで同じような雰囲気で続くため、展開などは大きく気にしなくても1日の様子などを並べるだけでまとまりのある動画に仕上がるかと思います。

ためになる話

iPhone が悪い人に盗まれて分解されても中身は見えません。 これは暗号化によるもので機械的に覗いたデータは意味のわからない状態になっています。 正しく見るためにはパスコードと組み合わせる必要があります。

⑦ファミリー

ファミリー

タイトル：『ホールデン家の大冒険』	総再生時間：1 分 19 秒

アクティブな家族旅行のホームビデオを大冒険のアクション映画仕立てにしている動画です。

前半に登場人物などの紹介を挟み、あとはアクティブに楽しむ様子を続けて行くような構成ですが、少し解釈を広げると例えば会社のメンバー紹介や一致団結したチームの活動などを紹介する動画としても使うことができ、家族に拘らない発想で自由に使うことができます。

後半で1秒程度の動画を連続して切り替えるという演出があり、この演出で何を見せるのかで動画のテーマも決まってくるかと思いますので、事前に考えて素材集めをしておくと良いでしょう。

⑧ホラー

タイトル：『The Spooky House of Shady Lane』	総再生時間：1 分 1 秒

ハロウィンイベントで撮影した動画をいかにもなホラー映画仕立てにしてあります。ただしこのテンプレートに当てはめる前提で撮影した動画も使われているかと思いますので、扱いの難しいタイプのテンプレートかと思います。

怖いものを怖いものとして表現するのも良いのですが、それだと終始創作物という漢字になってしまいますので、オススメとしましては普段は怖くないものをあえて怖いように演出するとかすこしユーモアのある使い方をすると良いかと思います。

例えば可愛いぬいぐるみを必要以上に怖く見せるとか、可愛い女の子が実は怖いなどそういう意外性と楽しい発想で使うとよりギャップを楽しむことができるテンプレートとして使えるのではないでしょうか？

ためになる話

ホーム画面を下にスワイプするとiPhoneの中身を検索する画面が現れます。この画面に例えば「150+40」と入力すると計算結果が表示されます。複雑な計算もできますので式を入力したい場合は使ってみてください。

⑨レトロ

タイトル：『The 9-Year-OLD SPY』	総再生時間：59 秒

多趣味でヤンチャな少年の遊ぶ様子を80年代のスパイ映画風にベタベタな感じで仕上げた動画になります。

レトロということで仕上がりはダサかっこいいという雰囲気がありますので、使う映像はかっこよさを素直に出した映像だと活きてきますし、本当に80年代の雰囲気でレトロなものを紹介してする雰囲気で使っても良いかもしれません。

暗さはないですが怪しさもちょっとだけ含まれていますので、つまみ食いなどのいたずら行為を強調したようなお遊び動画にも使える可能性を秘めています。

⑩ロマンス

タイトル：『BENEATH THE SUMMER SKIES』	総再生時間：1 分 23 秒

カップルが旅行をした際の動画を使って、女性が素敵な男性と出会ったという演出で作成された動画になります。

文字演出は夕焼けもしくは朝焼けをイメージする非常に美しいデザインになっており、BGMもロマンスというテーマにふさわしいものとなっています。

純粋にロマンスだけでなく希望や美しさ、荘厳さを表すような動画にはもってこいだと思われますので、例えば男性から女性へ贈る動画などにも使うことができるかもしれませんし、小さな女の子を主人公とした大人びた雰囲気で仕上げた動画にも使えそうです。

動画の尺は長めですが、BGMは大きく盛り上がるということはありませんので、動画の中身にしっかり盛り上がりを持ってきた方がより仕上がりの良い動画になるかと思います。

ためになる話

Apple 純正の表計算ソフト Numbers は、Microsoft の Excel とは異なり 1 枚のシート上に複数の表を作成できます。これは Numbers が最終的に印刷を目的としたレイアウトを意識しているからです。

⑪大人への旅立ち

タイトル：『卒業式の日』	総再生時間：1分3秒

卒業式の動画と卒業する青年が幼い頃の素材を使って、卒業からその未来を連想させるような演出の動画です。

BGMが若者の未来というテーマに相応しいものとなっていますが、全体の演出としては希望や未来というイメージで割と汎用に使えるテンプレートではないでしょうか。

爽やかなイメージと軽快さでお世話になった方への感謝の気持ちを伝えながら思い出のシーンを振り返るなどにも使えるかと思います。

⑫探検旅行

タイトル：『THE QUEST』	総再生時間：1分2秒

自然が豊かな場所へアクティビティも兼ねた旅行を素材として、ミステリアスな秘境への探検へ行くという仕上がりの動画です。

後述する冒険旅行とテーマが似ていますが、こちらは怪しい雰囲気や危険な雰囲気、生きては帰ってこられない秘境というニュアンスの強い演出となっていますので、素材が自然豊かなものほどこちらのテーマが向いています。

また、人数の指定がありますが名前が出てくる部分は、特に人名ではなく自然なテキストに置き換えても良いので人数にとらわれず、冒険の危険さとスリリングさが伝わるような内容にすることを心がけましょう。

普段は少し怖い身近な人物のことを茶化して紹介するというような使い方もできるかもしれません。

ためになる話

Apple純正プレゼンソフトのKeynoteは、故スティーブ・ジョブズがAppleの自社製品を紹介する際のプレゼンで使用するために開発が始まったと言われており、美しい演出をいくつも備えていることが特徴です。

⑬物語

タイトル：『INTO THE WILDERNESS』	総再生時間：1 分 34 秒

家族旅行と美しい景色の素材を使って、ドキュメンタリー映画の予告編を思わせるような動画に仕上げています。

このテンプレートの特徴は映画の予告編という体裁をしっかり保っており、客観的な観客の感想や受賞歴などを表示する部分があります。

他のテンプレートとは違って、"いかにも良い動画風"な仕上がりになりますので、美しい映像や楽しげな映像、時には悲しげな映像ですらひとまとめにして良く見せてくれるという特徴があります。

素材の数さえ揃うのであれば、いろいろ突っ込むことでなんとなく感動的な仕上がりになるという意味では使い所は多いかと思います。

⑭冒険旅行

タイトル：『Takes From Down Under』	総再生時間：1 分 3 秒

少年を中心に撮影したホームムービーを、冒険もののアクション映画風にまとめあげた作品となっています。

古びた地図や盛り上がるBGMで、先の探検旅行とは違って、明るさと勇気がテーマの動画を作成することができます。

特に子供が未知の冒険に出かけるような演出にしやすいと思いますので、小さなお子さんがいる家族旅行などには打って付けかと思います。

ためになる話

Microsoft と Mac の豆知識を 1 つ。実は Microsoft 製の Excel のバージョン 1.0 は Mac 版が最初にリリースされました。その後 Windows がリリースされ、Excel 2.0 で Windows 版が発売されています。

03 予告編機能を使って学べること

一通りテンプレートを見ていただいて、「果たして自分にできるのか？」と思うことがあるかもしれませんが、本書のコツさえしっかりつかんでいただければ、どなたでも確実に作り上げることができます。

実はこの予告編の機能のコンセプトは映画の予告編ぽい楽しい映像を作るということだけでなく、普段映像制作をすることがない方が知る機会のない、映像の構成要素というものに自然と触れることになります。その構成要素が作品にどんな良い効果をもたらしているのかということを直感的に体感できます。

具体的には、映像を撮影するアングルはいろいろある方が、良い動画ができやすいとか、欲しい瞬間だけでなくその前後を撮影するとより動画にした時に、意図が伝わりやすいとか、もっと細かい話をすれば上手な誤魔化し方まで習得することができます。

もしいきなり作り始めたら

予告編機能の画面を見てある程度使い方がわかったので、いきなり制作を始めてしまったとしたら、おそらく最後まで完成しない確率が高いでしょう。

ここが予告編機能が一般的に使われている機会の少ない最大の理由だとおもれます。

予告編機能は動画を完成させるためには一定数の素材が必要です。

しかも、映画の予告編を考えればわかりますが、2時間の大作を30秒にして面白そうだと思えるものにしてあるわけですから、元の素材はそこそこの量が必要です。

予告編機能で制作する場合は、ある程度一定のテーマに沿った素材が必要なため、最後まで完成しないことが多いのです。

逆に言えば素材さえ揃えばなんとかなるということでもあります。

ここではそのなんとかするために考えることを解説していきます。

ためになる話

Mac の Finder ではファイルを移動する場合、アイコンをドラッグ＆ドロップしますが、移動先のフォルダのアイコンに重ねた状態にしたまましばらく待つとそのフォルダを開く機能があり、その奥にファイルを置くことができます。

事前に構成を考えよう

より多くの素材を用意するためにも、これから予告編機能を使って作成したい動画について事前にどのように製作を進めていくか考えておく必要があります。

そのためには選んだテンプレートの構造を知る必要があります。

今回、構成の確認に使用したテンプレートは『冒険旅行』となります。

①予告編をタップして新しいプロジェクトを新規作成します

②これから作る内容を想像しながらテンプレートを選択します

ためになる話

初代 iMac は半透明のプラスチックにカラフルな色がつけられています。この色を綺麗に混ぜ合わせる技術は、なんと飴細工のメーカーが培った技術を応用して開発されたそうです。

③テンプレートの内容をじっくり確認します

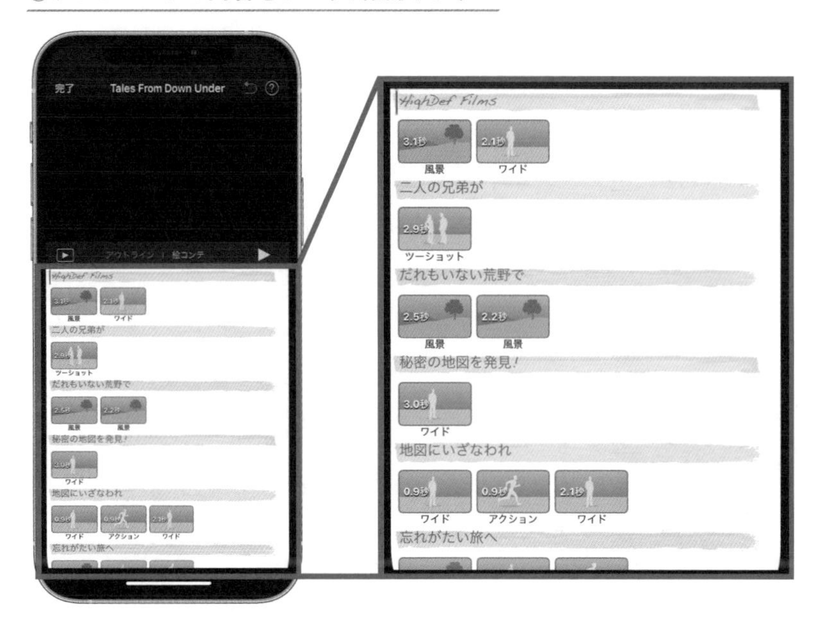

予告編の絵コンテを見ながら以下のような観点で構成を練ってみてください。

- ◆今から作る動画の題材となっているイベントは何か？
- ◆見た人にどういう感情を持って欲しいか
- ◆その感情を持ってもらう流れはどうするか？

いくつか具体例をあげておきます

◎ 子供が楽しみにしている博物館に行く

- ◆旅行の過程を撮影した動画
- ◆小さな子が壮大な冒険をしている
- ◆出発から旅のメインに向かって映像で盛り上げる

ためになる話

今や巨大企業になったAppleですが、先進的な製品を開発するためにあらゆる分野のプロフェッショナルが集まっています。例えばSiriの話すジョークはプロの演出家を雇って作成されているそうです。

◎ 会社紹介

- ◆新卒向け会社説明会向けで学生の方々に見せる
- ◆楽しそうな会社でワクワクしてもらう
- ◆学生視点で会社の入り口から中を見て歓迎されている

◎ 退職する先輩へのビデオ

- ◆お世話になった先輩へみんなが映ったビデオを送りたい
- ◆楽しげな雰囲気で離れても一緒だという連帯感を感じる
- ◆一人一人の笑顔と皆がどう感じているかを伝える

テンプレートを決定しよう

予告編で作りたくなる動画はこれから起こるイベントが向いていますので、少し想像力を働かせて、前述したイメージが持てればそれに相応しいテンプレートを選択できます。

テンプレートでは恋人や家族などサンプルの映像がありますが、重要なのはサンプルに惑わされすぎないことです。

サンプルで使われている被写体や構図、表示されるテキストなどは全て変更が可能です。

変更ができないのは、BGMやカット数、動画全体の長さですので、主にここに重点を絞って選定してください。

参考にするときに優先度の高い順番を示しておきます。

- ◆1. BGM
- ◆2. テキスト演出の雰囲気
- ◆3. テキスト演出の回数
- ◆4. カット数
- ◆5. 動画全体の長さ

＼ためになる話／

以前はiPhoneに付属していたEarPodsというイヤホンですが、あの独特の形状はあらゆる年齢、人種の耳の形を計測し最大公約数的にもっとも適切だと思われる形状を導き出して作ったそうです。

前日までに撮影の構想を立てよう

テンプレートが決まったら、撮影の前日までにだいたいの撮影タイミングを考えておきましょう。

例えば、旅行の動画であれば、出発から到着までは何カットくらいまでにするとか、このタイミングでは旅のメインで訪れる一番盛り上がるシーンの素材を使うなどです。

できれば、BGMの進行に合わせて内容がイメージできているとさらに良いです。

この事前の構想により、だいたいどのシーンではいくつくらい動画を撮影しておけば良いのかがわかります。

撮影に専念できる場合は良いのですが、撮影に夢中になりすぎて感じの旅を楽しめなかったという本末転倒なことにもなりません。

プロが映像制作しているのであればそれも良いですが、本書を手に取る方々の多くはプライベートな映像制作をしたいという目的があるはずです。

ためになる話

iPhoneを購入する時は多くの方が携帯電話ショップで購入されます。この時にiPhoneも携帯会社との契約しており、携帯会社を変更すると端末を買い直さないといけないと考えている方もいるようです（次ページへ続く）。

04 素材集めの心得

これから素材を撮影するときに、予告編で使いやすい動画を撮影するためにも覚えておいた方が良いいくつかの項目があります。

これは普段から動画撮影をするときに知っておくと良いということもありますし、予告編で使用するからこそ覚えておいた方が良い注意点のような側面を持ったものもあります。

本書ではChapter2でカメラアプリの使用方法について解説しています。ここで基本的なカメラの使用方法を習得した上で撮影に臨むことで良い予告編の完成に繋がります。

素材の長さ

予告編の動画は良く見てみると3秒など短いものを要求されていることが多いです。

それを鵜呑みにして3秒の素材を撮影してはいけません。

10秒もしくはもっと長回ししましょう。

シャッターチャンスの前から動画を撮影しておき、採用する3秒間は全て使える部分になるように撮影しておくべきです。

意外とこの素材の長さで尺に収まらないというケースが存在しますので、他のことは一切忘れても、長く撮影しておくということだけでも覚えておいた方が良いくらいです。

素材の対象

テンプレートでは男女2名が右から左に走るなど、対象となる人物とその動きについて指定されています。

＼ためになる話／

（前ページから）携帯会社と契約しているのは電話回線と分割の支払いのみで、携帯会社を変更してもお持ちのiPhoneを買い替える必要はありません。回線と端末は分離されており自由に変更することができるのです。

この指定は思い切って無視するくらいの気持ちで撮影しましょう。

たしかに指定通りの映像をきっちり用意できればサンプルと同じような完成品は作れるかもしれませんが、多くの方は映像作家ではないので、出演者に演技指示などはできない状況にあるかと思います。

仮にできたとしても、当初の想定していた感動を呼ぶ映像になっているかというと必ずしもその結果には結びつかないと思います。

ただ単に無視するというだけでなく、この指定から学ぶべきことは、さまざまなアングルや様々なアクションが盛り込まれていることが良いという視点と、実際にそういうものは何種類くらい必要そうなのかという全体の数量の把握に使いましょう。

素材の画角

画角は広い画角から狭い画角へは後から変更もできますが、特に気をつけなければいけないのは、被写体が目一杯映った狭い画角ばかり撮影されることです。

これは特に撮影に慣れていない方が、iPhoneや一眼レフの液晶などの小さな画面で撮影するときに発生する場合があります。

画面自体が小さいために、自然と被写体を大きく写してしまうため、結果的に全て寄ったような被写体のみの映像になってしまうというもので、これは意識さえしておけば自然に矯正されるものですが、何度も撮影を経験して感覚を掴んでおきましょう。

また、iPadをお持ちの方はiPadで撮影されると画面が大きい分、実際に完成図に直結しやすい見た目で撮影できるため、自然と良い画角で撮影されることが多いです。

自然な画角での撮影が身に付いたら、事前に計画を立てていた内容によって、寄ったり引いたりしながら適切な素材を入手していきましょう。

ためになる話

iPhoneの上位機種やiPad ProにはLiDAR(ライダー)と言われる環境スキャナーが搭載されています。これは無数の光を照射してその跳ね返りまでの時間を計測することで周りの様子をスキャンできます(次ページへ続く)。

素材の速度

意外と忘れられており、そして調整項目としては候補に上がって来づらいものとして、素材の撮影時のスピードというものがあります。

動画の速度まで意識して撮影できるようになると、撮影はかなり上達していると言えます。

27ページではタイムラプスの映像を撮影して早回しの動画を作成できると解説しましたが、このタイムラプスは間延びしがちなシーンを予告編の1カットの尺に収めるというのに非常に向いた機能となっています。

タイムラプスを使用するには計画性が重要ですが、予告編の素材回収のために計画したイメージがそのままタイムラプスが使えそうなカットに応用できるため、このことを覚えておくだけで発想が広がります。

1つの予告編の中で1度か2度あるかないかという頻度ではありますが、ここぞという時にタイムラプスで撮影しておいたことで、アクセントの効いた1カットが確保できるという意味ではとても大きいです。

遠くから何かが近づいてくるようすなどにはうってつけです。

逆に撮影された動画で使えるところが短すぎるという場合は、編集中にスローをかけることで良い部分を引き伸ばすという方法がありますが、これは編集中の工程で解説したいと思います。

予想外の出来事はクオリティアップのチャンス

どんなに頭の中で周到に準備していても、事前に思った通りの撮影で終わることはありません。常に予定のカット数の2倍から3倍を撮影するつもりでいた方が後々良いと思います。

また、予定外であってもシャッターチャンスは逃さないという気持ちを忘れずにしましょう。

使う予定のない動画でも意外と最終的に当てはめてみると良い結果を生む場合も

ためになる話

（前ページから）LiDARは自動運転車にも使用されており、最新のClipsで搭載されているAR背景はLiDARの技術を使用しています。また写真撮影では素早くピントを合わせるべき距離を図るためなど実用化されています。

ありますし、1カットは数秒ととても短いものですので、実際には全然違うタイミングで撮影されたものも、予告編という1つの流れの中で見るとストーリーが自然に繋がっているように見える場合もあります。

わかりやすい例で言うと、旅行で出発から到着までの素材が足りなかったという場合でも、帰りの様子を撮影しておくことで、それを出発の中に混ぜて使うことで必要な素材数が確保できるという場合です。

また、楽しげな様子やちょっとしたアクシデントは事前に想像できるものではありません。

そう言う意味でも予定外は歓迎ししっかりカメラに収める気持ちが大事です。

ためになる話

iPhoneに搭載された計測アプリは机や鞄などモノの長さを計測できます。部屋の模様替えや機内に持ち込める荷物の計測などに利用でき、LiDAR搭載の機種では約1センチ以内の誤差で計測できます。

いよいよ編集作業へ

撮影してきた動画を絵コンテに当てはめていき動画を完成まで持っていきます。

iMovie を使った予告編動画作成のクライマックスでありもっとも時間をかけて凝るべき部分です。

ここでの試行錯誤の選択肢を広げるためにたくさんの素材を撮影したと言っても過言ではありません。

今回、作例として使用している素材は2018年に筆者が家族で旅行した福井県立恐竜博物館で撮影しました。福井県立恐竜博物館より許可を頂いた映像を使用しています。

撮影した映像の配置

今回、147 ページで構成を確認した『冒険旅行』のテンプレートを使用して作業を進めますが、読者のみなさんはご自分で事前に構成を確認されたテンプレートを使用してください。

これから動画を挿入しようとしている絵コンテの 1 シーンに要求された時間を確認してから、タップします。

iPhone の写真アプリにある動画を選択する画面が出てきますので、撮影してきた素材を選択するのですが、ここで動画の長さに対して絵コンテで要求している長さを示す黄色い枠が表示されます。

この枠の中でしか動画は採用できませんので、再生ボタンをタップして確認しながら採用する範囲を決めましょう。

最後に＋ボタンを押せば絵コンテに追加できます。

ためになる話

Apple Watch のバンドの 1 つであるソロループは Apple Watch との接続部分を除いていっさい金属が使われていません。そのため MacBook などのノート PC や机に金属が当たらず快適に使うことができます（次ページへ続く）。

①動画を挿入したい絵コンテをタップします

②挿入したい動画の再生位置となる部分をタップして再生ボタンを押して確認します

③プレビューで開始位置が正しいか確認します

④＋ボタンを押して絵コンテに動画を追加します

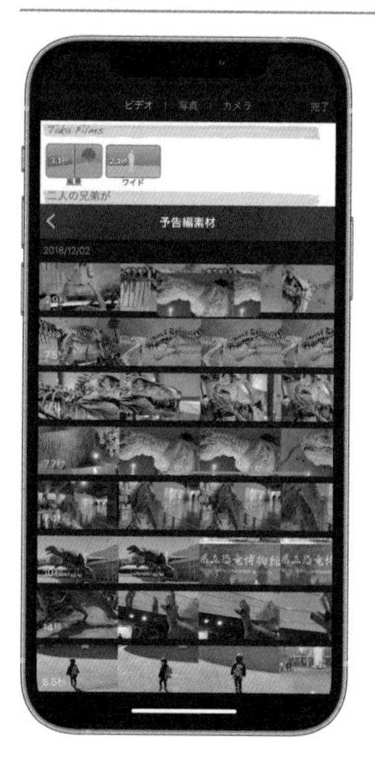

＼ためになる話／

（前ページから） ソロループを購入する際はできれば通販ではなく試着のできる店舗に行って試着をしてください。難しい場合はサイズの目安となる専用の用紙を印刷するか巻尺で計測した長さを使って購入することもできます。

⑤追加された動画の位置が正しいか確認します

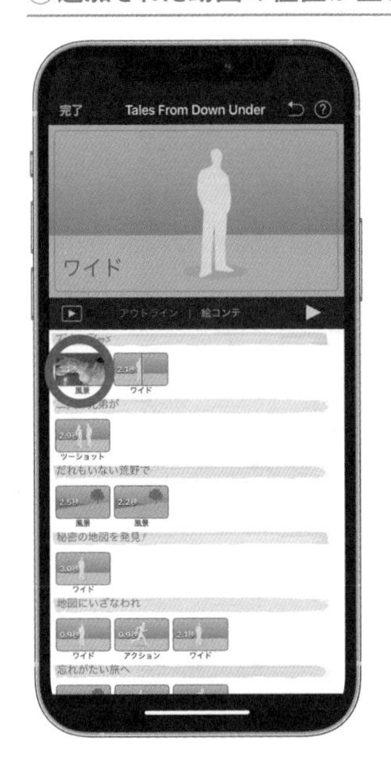

⑥再生ボタンを押してテスト再生します

撮影時のコツでお伝えした、時間を多めに撮影した方が良いというコツは、ここでもし動画の総時間が要求する時間よりも短いとそもそも素材として採用することができないためボツ素材にするしかなくなってしまう状況を防ぐためです。

クリップの調整

クリップをタップすると、採用した後のクリップの再生位置などを変更することができます。

＼ためになる話／

iPhone の画面設定には黒を基調としたダークモードという表示方法があります。目に優しいだけでなく有機 EL のディスプレイを搭載した機種は黒が点灯しないのでバッテリー持続時間も伸ばすことができます。

①開始位置を調整したい絵コンテをタップします

②再生位置を確認します

③動画を指でスライドして再生位置を変更します

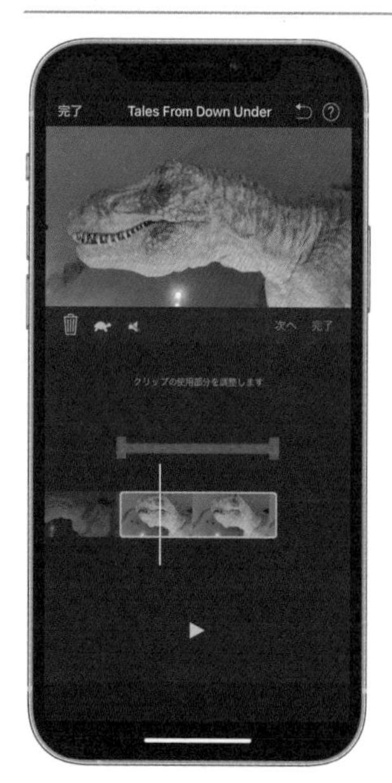

＼ためになる話／

iPhoneの画面設定にはNight Shiftという設定がありこれをオンにすると画面のブルーライトをカットしてくれます。ブルーライトは睡眠の質を下げると言われていますが、Night Shiftはこれを軽減します（次ページへ続く）。

◎スロー再生に変更する

この画面では開始と終了位置を微調整するのが目的ですが、もう一つ重要な機能があります。

画面中央左寄りにあるカメのアイコンです。

このカメのアイコンをタップすると再生速度を遅くして見せたい部分が短すぎた動画の収まりを良くしてくれるという効果が期待できます。

開始位置は変わらず動画が遅くなり、終了位置に到達する前に要求された時間が来てクリップが切り替わるというようなイメージになります。

①カメのマークが白い場合は通常の速度です

②カメのマークが青い場合はスロー再生です

頻繁に使うのは良くありませんが、覚えておくと確実に便利で役に立つ機能ですので覚えておきましょう。

ためになる話

（前ページから）Night Shift は時間を指定してスケジュール設定できるほか、日の出や日没に合わせて変化するという設定もできるため、自動的にオンにするのに役立ちます。睡眠の質を気にされている方はぜひ継続使用してみましょう。

ドラマチックなテキストを入れよう

一部、もしくは全部クリップに動画を入れ終わったら、絵コンテで青いラインで表現されているテキストはダブルタップすると編集することができます。

テキストは決められた出現方法しかありませんので、無理に凝ろうとすることはできません。

一旦雰囲気で入力しておき、前のクリップからテスト再生を行って動作確認します。

①変更したいテキスト部分をタップします

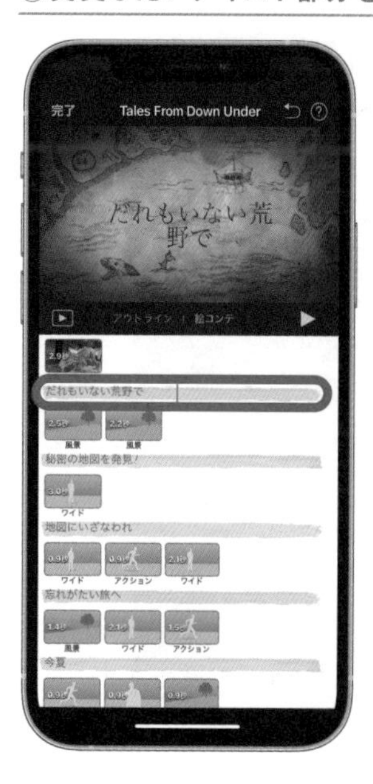

②入力できるようになったら変えたいテキストを入力します

＼ためになる話／

iPhoneの画面の設定にはTrue Toneという設定をオンにできる機種があります。この機能は周りの照明の色を検知して、画面の色を調整し、どのような色の照明の下であっても、一定の同じような色味で見えるように調整する機能です（次ページへ続く）。

③入力が完了したら左下の完了ボタンを押します

④テスト再生で違和感がないか確認します

できるだけ雰囲気を盛り上げるようなちょっと大袈裟なテキストの方が良いですし、元々のテキストの意図するものは無視しても構わないので、ベタベタのテキストでここぞとばかりに盛り上げましょう！

自分の作りたい動画に合わせたテキストに変更してしまいましょう。

あとはひたすら動画をはめ込もう

これまででご説明した工程を繰り返してすべての絵コンテを埋めましょう。全部埋めるには相当な素材数が必要ですのでもしかしたら動画が足りなくなるかもしれませんが、スローにしたり同じ動画でも前半と後半を使い分けるなどして何とかすべて埋めてください。

ためになる話

（前ページから）機種変更した際に少し画面が前より黄色いと感じる場合はTrue Toneがオンになっています。むしろ今までが青過ぎたのですが違和感があるという方はオフにすることで解消しますので、お好みで設定してみてください。

①あとはひたすらテキストと動画を絵コンテにはめ込みます

②すべて埋まったら絵コンテは完成です

ためになる話

最近アプリやWebで「Appleでサインイン」というアイコンを見ませんか？　これは本来IDとパスワードを作成して利用すべき所をApple IDを使ってそれを省略する機能です。パスワードを覚えなくても良くなる便利な機能です（次ページへ続く）。

06 監督になった気分で

動画を締め括るのはクレジットと言われる関係者の名前を列挙した画面です。

これは映画の予告編という体裁を取っているから存在しており、予告編が終わったことを示す演出にもなっています。

クレジットに関係者を入れよう

絵コンテの最終行のクレジットをタップすると、画面はアウトラインの画面に切り替わりますので、この両者は同じものだと考えてください。

本書ではアウトラインは事後に入力することを推奨しているのですが、それは完成した映像にふさわしいクレジットにすべきだと思いますし、ここで関係者に感謝の意を示しておくのも１つの使い方ですので、事後に入力をオススメしています。

ここでは各クレジットの項目の意味を解説します。

同じ文字が並ぶと少し違和感がありますので、例えば全部自分が作ったとしても、「自分、パパ、お父さん」など言い方の違う表現もできますし、あえて全部同じ名前にすることで、全部自分で作ったという面白さを出すこともできます。

ためになる話

（前ページから）便利以上に大事なことは、この Apple でサインインを使えばサービス側にあなたの本当のメールアドレスや名前も伝わりません。もしサービスから情報の流出が起こってもあなたの個人情報は表に出ないということになります。安心ですね。

①ムービー名

このムービーのタイトルとなる部分で、絵コンテに表示されるタイトルと一緒にしても良いですし、演出状況でこちらは正式名称で絵コンテ上のタイトルは省略名などにすることもできます。

②スタジオ名

予告編が始まる時の制作スタジオ風のシーンで使われるスタジオの名前です。
お遊び要素ではありますが、今後自分の製作する予告編動画は全部同じスタジオ名にしておくと統一感があって良いでしょう。
実際の映画の場合、映画が始まるときにユニバーサルやコロンビア、20世紀FOXなどのようなロゴが出ますが、その部分に相当します。

③ロゴスタイル

ロゴスタイルはスタジオ名と合わせて統一してしまっても良いですし、もしくはスタジオ名だけ統一して、ロゴスタイルは予告編の内容に合わせて雰囲気を変更してしまっても良いかもしれません。こちらもお遊び要素が強いですが、せっかく作った動画ですのでこだわってみましょう。

④監督

監督というのは映画製作現場においては、全体のクオリティに責任を持つ立場ということになります。
予告編製作においては、絵コンテを見て撮影計画を考えた方に相当するかと思います。

⑤編集

編集は素材を切りはりして映画の流れを完成させる役割です。
予告編製作においては、絵コンテに動画を当てはめた方ということになるかと思います。

⑥脚本

脚本は本来であれば映画のストーリーを元に登場人物の所作や台詞などを決めます。
予告編製作においては、少し本来とは異なりますが、絵コンテのテキストを編集した方と考えても良いでしょう。

⑦製作総指揮

製作総指揮は映画であれば、その映画が世に出るまでの責任を負う立場で監督が作品のクオリティを担保するということならば、製作総指揮は世に出すことに責任を持っているとも考えられます。
予告編製作においては、この予告編を作ろうと言い出した人物が良いかと思います。

⑧撮影監督

撮影監督は、実際の製作現場では映像表現がうまくいくように管理する立場です。
予告編製作においては、カメラで素材を撮影した人と考えても良いかと思います。

⑨美術監督

美術監督は、大道具や小道具を調達したり制作したりする現場を指揮する立場です。
予告編製作においては、撮影中に使われる小道具を用意した人ということで良いかと思います。

⑩衣装デザイン

衣装デザインは、映画では映画のストーリーに合った衣装を考え用意する立場です。
予告編製作においては、登場する人物の洋服のコーディネートを考えたり調達した方ということで良いでしょう。

⑪キャスティング

キャスティングは、演者の人選やオファーを担当します。当て役と言って監督がリクエストする場合もあります。
予告編製作においては、登場する人物に出演交渉を行った方でしょうかと思います。

⑫音楽

実際の映画では作曲者が上がることが多いです
予告編製作においては、音楽は標準ではiMovieが用意した音楽が入っていますので、iMovieと入力するのが良いかと思います。
動画を見た方もiMovieで作成したことがわかりますので話題作りにもなるでしょう。

07 完成

しっかり下準備を終えていれば動画製作はスムーズに進んだかと思います。
ここまでくればもう完成したも同然ですので、あとは書き出しをすればお好きなように作った動画を共有することができます。
また、作った後再編集するか、もしくはもう完成品として今後は再編集しないかによってプロジェクトデータの取扱い方は変わってきます。
ここでは、完成した後の取扱い方について解説していきます。

書き出し

完成したばかりの状態だと、まだ動画の編集中の画面になっているかと思います。
画面の左上の完了ボタンを押して、プロジェクトの画面に戻ります。
その後、動画を書き出していきますが、その前に最終チェックを行いましょう。
ここでは最終チェックとして再生しますので、画面中央のプレビューではなく、画面下部にあるフルスクリーン再生を選びます。

＼ためになる話／

Safariにはパスワードを覚える機能があります。覚えさせるのは不安だと思いますか？　実は覚えさせるとなりすましサイトに引っかからないという効能があり、安全と便利を両立できます。知っていれば不安も不便もなくなるという典型例ですね。

①左上の完了をタップしてプロジェクト画面に戻ります

②最終確認のためにフルスクリーン再生ボタンをタップします

③フルスクリーンで最終確認します

④再生位置を変更したい場合は画面をタップして再生コントロールを表示します

動画に対してもう変更する箇所がなく完成したと判断した時点で、書き出しを行いましょう。

書き出し先は、取り回しが一番しやすい写真アプリへの出力が行われる“ビデオを保存”という項目を選択するのが望ましいでしょう。

ためになる話

写真アプリの標準機能では撮影日や撮影場所を編集できませんが、いくつかのアプリで対応可能です。オススメは『HashPhotos』というアプリで１日５枚分の編集まで無料で、多くの方は少しの編集で足りるかと思います。

①共有ボタンをタップします

②“ビデオを保存”をタップします

③書き出されるまで待機します

④写真アプリを起動します

＼ためになる話／

マップアプリで目的地をタップした後、経路探索ができます。この経路探索中はiPhoneのロック画面が専用の画面になりロック解除しなくても経路がわかるようになっています。純正マップならではのメリットです。

基本的には最高画質で書き出しが行われますが、あえて画質を下げて書き出したい場合は、設定を変更することができます。

①共有ボタンをタップします

②ビデオ保存のオプションをタップします

③設定したい画質に変更します

プロジェクトの管理

完全に動画が完成した場合、プロジェクトの取り扱い方を考える必要があります。

基本的にプロジェクトはそのまま iMovie 内に保管してあれば、iCloud へ自動的にアップロードされていますので、例えば機種変更や端末の故障の際などにデータが消えるということもありません。

新しい端末で iMovie を起動するだけで、以前の端末で使用していたプロジェクトが現れます。

Clips 同様にもう編集しなくなったため、iMovie のプロジェクト一覧からは必要なくなったがデータは残しておきたいという場合もあるでしょう。

iMovie にもプロジェクトを外部に保存する機能があります。

①共有ボタンをタップします

②ビデオ保存のオプションをタップします

＼ためになる話／

iPhone でスワイプ入力に慣れている方は iPad でもスワイプ入力したいのではないでしょうか？ 50 音キーボードを 2 本指で摘むとスワイプ入力のキーボードが現れます。無理だと諦めていた方もいるのではないでしょうか。

③プロジェクトを選択して完了をタップします

④“ファイル”に保存をタップします

⑤プロジェクトが書き出されるまで待機します

⑥ファイルアプリ上の保存場所を選択して
保存ボタンをタップします

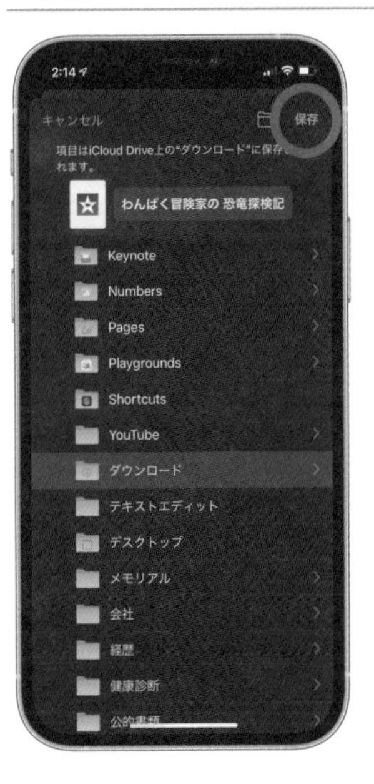

ためになる話

2021 年に発売された iPad のフロントカメラは非常に広角であり、それを活かして首振り機能がないにも関わらず、被写体の顔を追跡するように画角が自動的に変更される『センターフレーム』という機能があります。

⑦ファイルアプリ上でプロジェクトが保存されていることを確認します

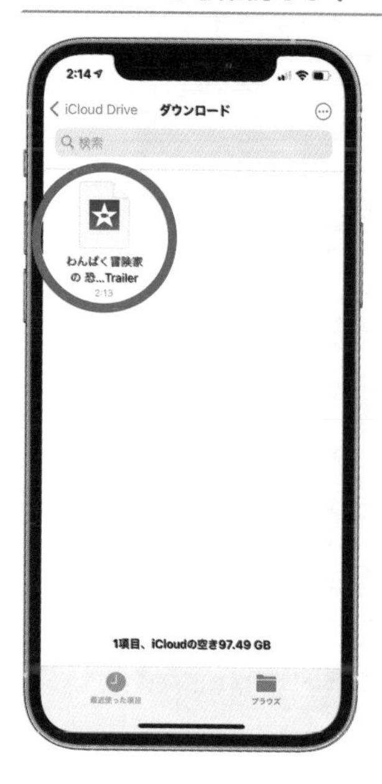

予告編機能を使って完成した動画を見てみよう！

https://youtu.be/OOyMmRp3P8M

ためになる話

iPhone のカメラで QR コードを撮影しようとしてみてください。撮影しようとするだけで画面の上部には QR コードの読み取り結果が表示されます。シャッターを押す必要すらないので、非常に素早く読み取ることができます。

Chapter

5

本格編集の登竜門「iMovie」タイムライン編集に挑戦！

編集作業に入る前の準備

いよいよ動画編集という作業としては一番王道のタイムライン編集を行っていきたいと思います。

このiMovieのタイムライン編集では素材は全て事前に撮影してあることが前提となります。

Clipsのように編集中に撮影する機能はないため、撮影と編集の工程が完全に分けられているとも言えます。

本書では撮影はカメラアプリを使うことを推奨していますので、事前に撮影することは問題ないかと思いますが、Clipsで編集しながら撮影するのに慣れた方は大きく流れが変わりますので注意しましょう。

今回、作例として使用している素材は2018年に筆者が家族で旅行した福井県立恐竜博物館で撮影しました。福井県立恐竜博物館より許可を頂いた映像を使用しています。

プロジェクトを作成する

どの動画編集ソフトもプロジェクトという単位で作業していくことは変わらず、iMovieのタイムライン編集でも同様です。

まずは動画の基本の流れとなるムービーを順番に選択して大きな流れを作りましょう。

ためになる話

無線イヤホンの定番となったAirPodsシリーズには同じApple IDを使っている製品であれば、操作している端末に自動的に繋ぎ変えてくれる機能があります。無線イヤホンの煩わしい点を解消している素晴らしい機能です。

①iMovieのアイコンをタップします

②＋マークをタップします

③ムービーをタップします

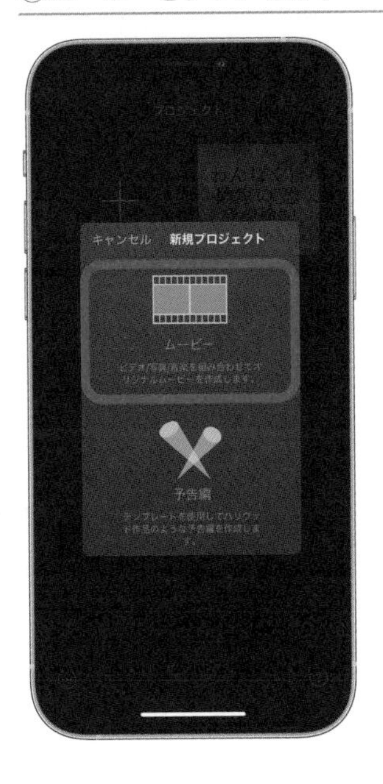

④使用したい素材をタップします

ためになる話

HomePodを買う時には誤解のないようにしましょう。HomePodはAirPlayというWi-Fiで音声を転送する仕組みを使ったスピーカーです。Wi-Fiが必要ですし、ケーブルでもBluetoothでも繋がりません。

⑤選択した順番に動画がタイムラインに追加されます

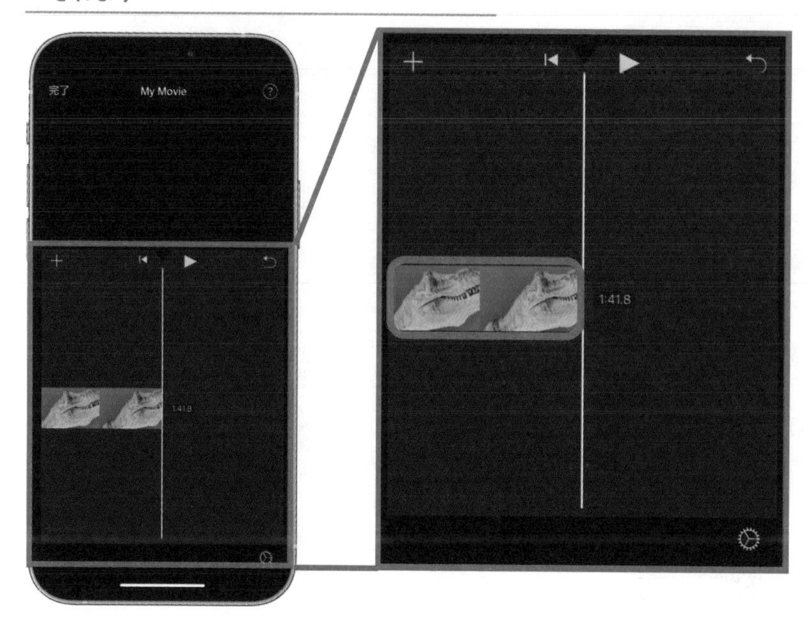

初期状態のモーメントは直近の写真や動画を同時に選ぶことができるため、素材を撮影した後であればもっとも便利に素材を選ぶことができるでしょう。

もし古い素材を選びたいもしくは、決まった素材を探したい場合は、モーメント以外からも選択することができます。

ためになる話

液晶パネルというのは裏側にあるバックライトというパネルから白い光を発してその前面にある赤緑青のカラーフィルタを通して色を表現しています。フィルタにはシャッターがありその開閉具合で色の量をコントロールして色を変化させます。

①＋マークをタップします

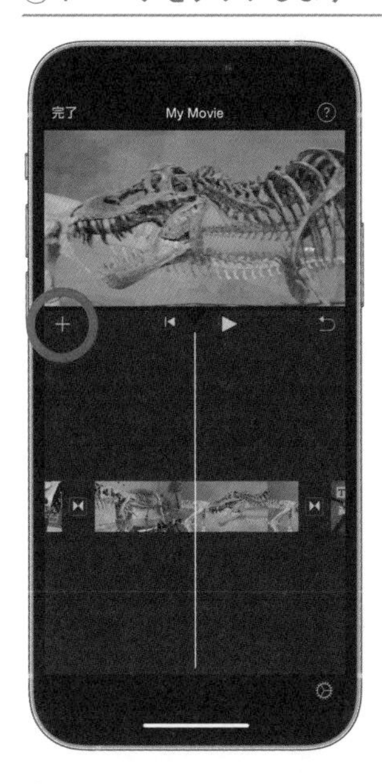

②探したい素材をあらゆる方法で探せます

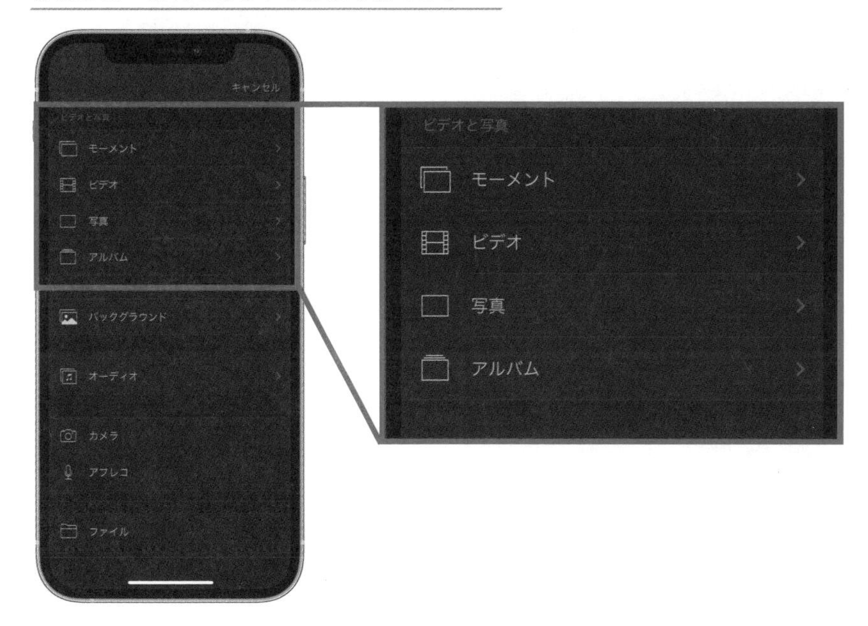

＼ためになる話／

2021 年に発売された iPad Pro 12.9 インチにはバックライトにミニ LED という技術が使われています。バックパネルに無数の小さな LED を使うことで個別に点灯させ部分的な明るさを調整して画質を上げます。

画面構成

実際のタイムライン編集画面の画面構成を紹介します。

この画面構成に対するヘルプは実は画面上でも確認することができますが、説明は一言ですので、本書ではそれらをさらに詳しく補足していきたいと思います。

一旦全ての画面構成要素を一通り確認した上で作成を始めることで、よりスムーズに作業をすることができるので、まずは自動車免許取得の学科のようなイメージで実技の前に座学で必要な知識を習得しましょう。

各画面構成要素の用途を解説

画面の各パーツにはそれぞれ次にような機能が割り当てられています。

①ヘルプボタン

画面の一部のボタンの簡単な説明が表示されます。また詳しいヘルプへ飛ぶこともできますので、本書が手元にない場合でも簡単なことであればこちらから確認することができます。

②完了ボタン

編集画面を抜けてプロジェクト画面に移行します。完了ボタンを押さなくても作業の変更は常に保存されていますので、保存の心配はありません。逆に間違った場合でも保存されてしまいますが、後述の取り消しボタンを押せば元に戻ります。

③タイムライン

左から右に時間の流れを表しています。Clipsとは異なりタイムラインでは時間の流れも表しているため、再生時間の長い動画ほどクリップの矩形の長さも長くなっています。指で左右につまむと拡大縮小できます。

④クリップ

配置された動画です。下部にある緑のバーは音声のみの素材を表しています。操作によって音声のみを分離することができ、その場合は画面のような青いバーも登場します。動画のみを配置した場合は、これらのバーは存在しません。

⑤トランジション

iMovieのタイムライン編集で使用できる重要な要素です。トランジションとはある動画から別の動画に再生する動画が切り替わる際に、その切り替わり方に対する演出を施したものです。

⑥プレビュー画面

最終的に完成品となる動画の形に近い状態で確認できます。現在の表示はタイムラインのある位置です。各種ボタンがあるため画角は小さくなってしまいますので、迫力等の確認はプロジェクト画面に存在する再生ボタンを使って最終確認しましょう。

⑦プレビューの再生

タイムラインの現在の位置からプレビュー画面の再生を始めます。動画の制作工程では編集して再生を繰り返すことになりますので、何度も使うボタンです。確認せずに作業を進めてしまうと間違いに気づくのが遅れますので、頻繁に確認しましょう。

⑧取り消し/やり直しボタン

直前に行った操作を取り消せます。複数回タップするとタップした回数分だけ元に戻ります。アプリを起動しなおしたりプロジェクトを開き直すと取り消し履歴は消えます。また長押しすることで取り消した操作を再びやり直すこともできます。

⑨クリップの追加

初回で選ばなかったクリップをタイムラインに追加することができます。また後に付け足すだけでなく、重ねたり二分割したり等の良くある編集効果を加えて2つの映像を同時に表示することもできます。

⑩ツールバー

クリップをタップして選択している状態で表示されます。左側ではクリップ全体の編集、右側ではクリップの分割や複製などの操作が行えます。アイコンの意味を覚えて素早く使えるようにしましょう。

⑪拡大縮小

クリップをタップして選択している状態で表示されます。プレビューに表示されている動画の画角を変更するときに使用します。タップした後プレビュー画面を指で拡大縮小します。

ためになる話

iPhone 12 Proなどの上位機種では画面に有機ELというパネルが使われています。有機ELは液晶でいうフィルタ自体が発光するため薄くて軽く黒では発色しないのでバッテリーに優しいという特徴があります。

プロジェクト設定

動画が仮配置できたら、必要に応じてプロジェクト設定をしましょう。

フィルタやテーマは動画全体の雰囲気を決めるものでもありますが、具体的にはBGMやトランジション、テキストが選択したテーマによってオリジナルのものが用意されています。

これらは便利ではありますが、かなり仕上がりの方向性を狭くしてしまうという側面もありますので、予告編やClipsがある現状ではテーマに頼る必要はあまりないかと思います。

一応フィルタやテーマの種類だけ把握しておき、適切なタイミングで使用するというスタンスで取り組みましょう。

プロジェクトフィルタ

プロジェクトフィルタは動画全体にかかる映像効果を設定する部分です。ここで設定すると、個別のクリップの設定は関係なく全体に適用されることになります。

①歯車アイコンをタップします

②プロジェクトフィルタの内容を確認します

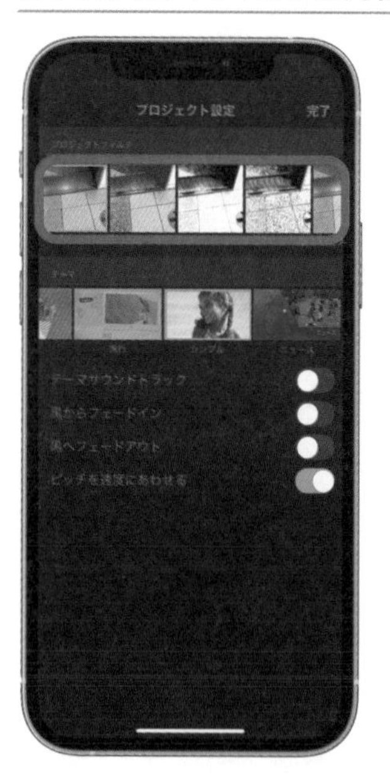

プロジェクトフィルタで選べるフィルタは各クリップでも個別に選択することができますが、動画の中で一貫して同じフィルタに統一したい場合は、個別に選択するのではなくプロジェクトフィルタを使用してください。

テーマの種類

テーマはテキストやBGMなどの演出面の雰囲気を決めるもので、これから作る動画とマッチするテーマがあるのであれば、使える場合があります。

テーマには、主に専用にデザインされたテキストとトランジション、およびBGMが存在していますが、動画全体を通してこれらが使われ、細かく設定する自由度はありませんので、テーマ専用のものを使用するよりは、本書でご紹介する1つ1つ意図通りに設定していく方法で思い通りの動画を作っていきましょう。

①歯車アイコンをタップします

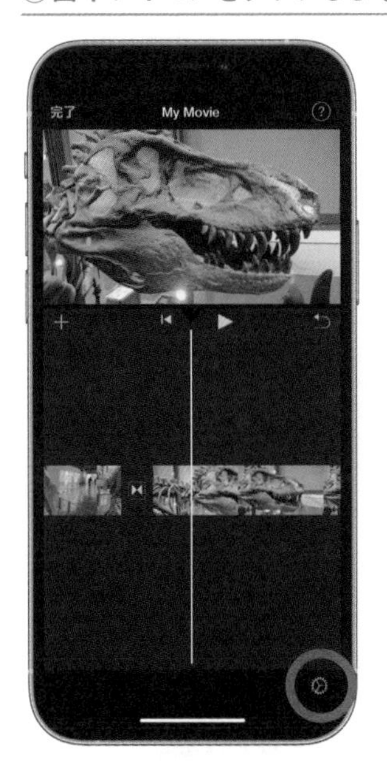

②テーマの内容を確認します

ためになる話

Suicaは世界でもトップクラスの技術が使われておりとても反応速度が速いです。Appleはこのスピードが実現できるまで研究開発を続け、ようやく日本でもアメリカから少し遅れてApplePayがリリースされました。

04 動画の追加と移動

計画的に素材を撮影し、その後プロジェクトを作成する時に間違いなく順番通りに指定して、タイムラインがいきなり完成しているということはまずありません。

編集中に追加の素材が必要になったり、撮影順に並べただけでは不自然になり、撮影順序をあえて無視した方が自然に見える場合もあります。

動画をタイムラインに追加する方法、そしてタイムライン上で再生したい順番に並べ替えることは、編集を始める前の最初の一歩です。

タイムライン上に追加する

動画を追加撮影した場合や、タイムラインに並べるのを忘れた場合など、改めて素材を追加する必要がある場合、動画を追加することができます。

タイムラインで現在表示中の動画の後ろに追加することになりますので、似た動画がある場合見失わないように注意してください。

①追加したい位置に再生位置を合わせて＋ボタンをタップします

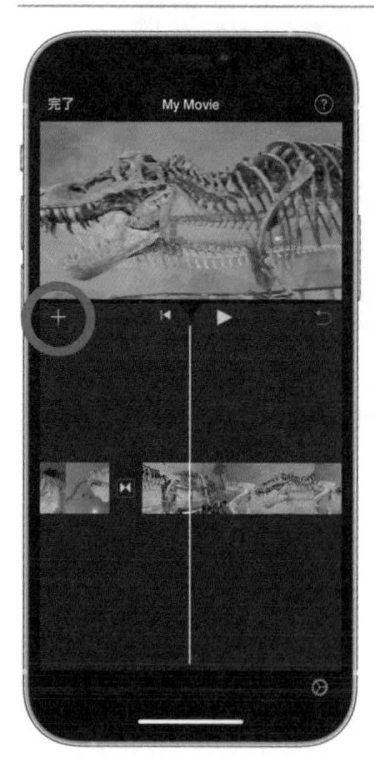

②動画を探す方法を選択します

③追加した移動がをタップして＋をタップします

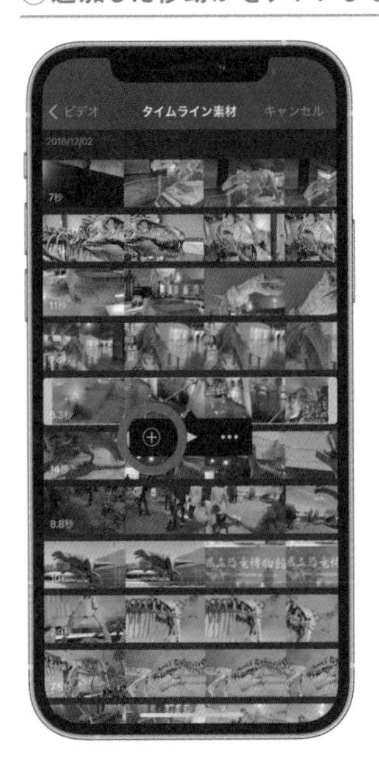

④追加されたことを確認します

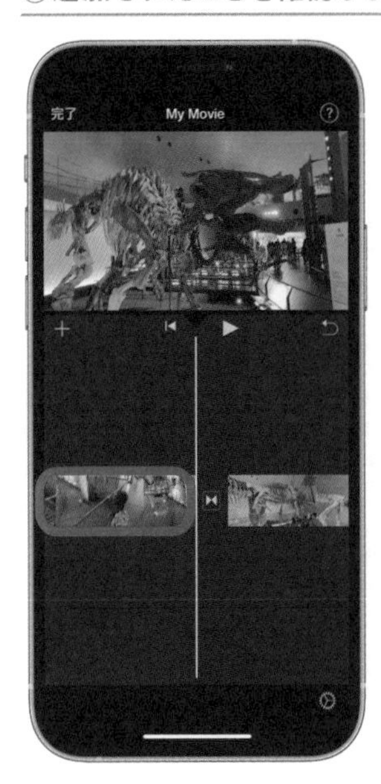

もし＋マークがない場合は、iCloud 上に動画があり端末にダウンロードしていない状態です。編集するためにはダウンロードする必要があるので、雲のマークを押してダウンロードします。

①タップすると＋の代わりに雲マークがありますのでタップします

②ダウンロードが完了するまで待機します

③＋マークが現れたらタップします

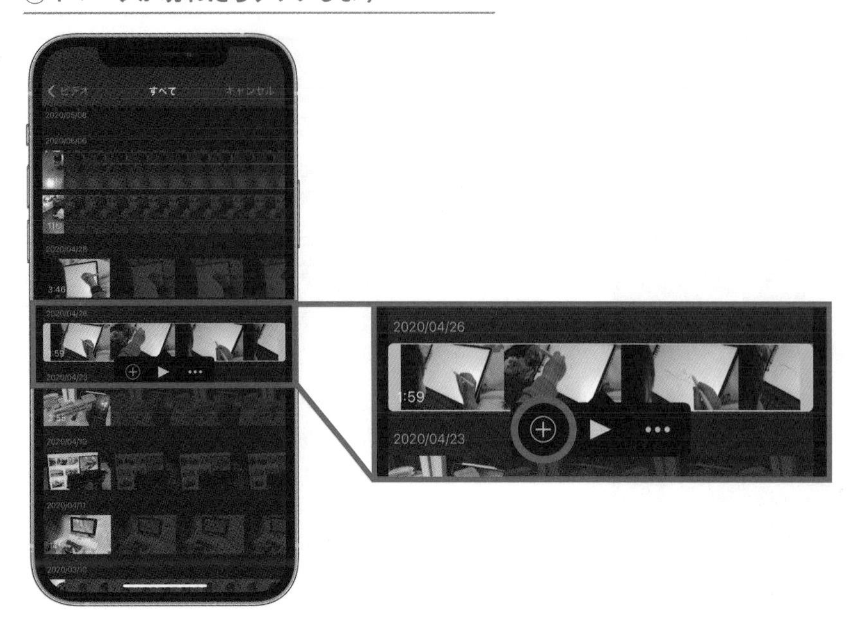

動画の順序の変更

タイムラインを確認していると、順番を誤って前後させていたり、自然に見せるためにはあえて順番を変えた方がいい場合があります。

Clipsなどと同様にiMovieでも指一本で動画の順番を変えることができます。

Clipsと異なるのはタイムラインが時間そのものを表しているため、長い動画がある場合は、その分だけ画面が移動するのを待つ必要があります。

＼ためになる話／

Apple純正クレジットカードのApple Cardには買い物をした場所とマップの情報から決済を行った店舗の情報を補足して見やすい明細を作ってくれます。2021年5月時点で日本ではまだサービスされていません。

①タイムラインで移動したい動画を確認します

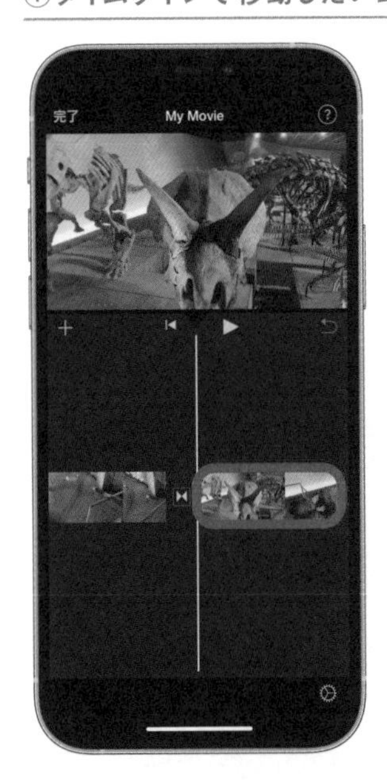

②移動したい動画を長押しします

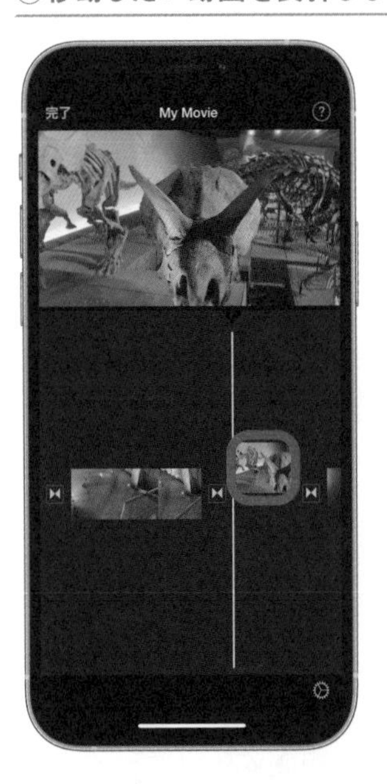

③移動させたい位置に指を離さず移動させます

④指を離すと移動したい位置に動画が移動します

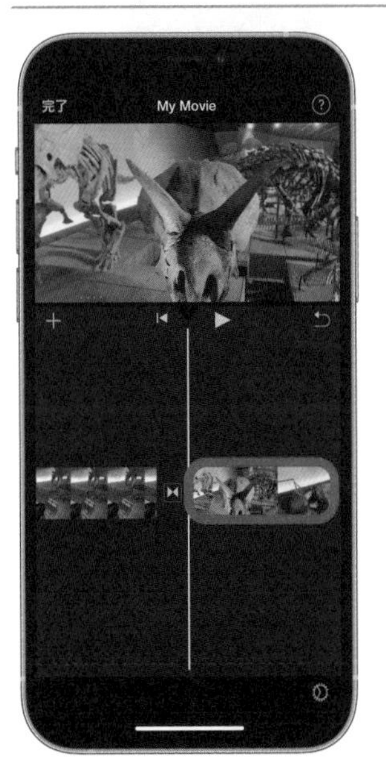

ためになる話

iPhoneは縦に持った時に下側にスピーカーがありますが、実は上にもスピーカーがあります。それは電話の際に耳に当てるスピーカー部分です。画面を横向きにした時はステレオスピーカーとして左右から音を出すためです。

写真を配置する

動画と同様に写真も配置することができ、さらに写真は時間の概念がありませんので必要な時間だけ表示することもできます。

①挿入する位置にタイムラインを合わせて＋マークをタップします

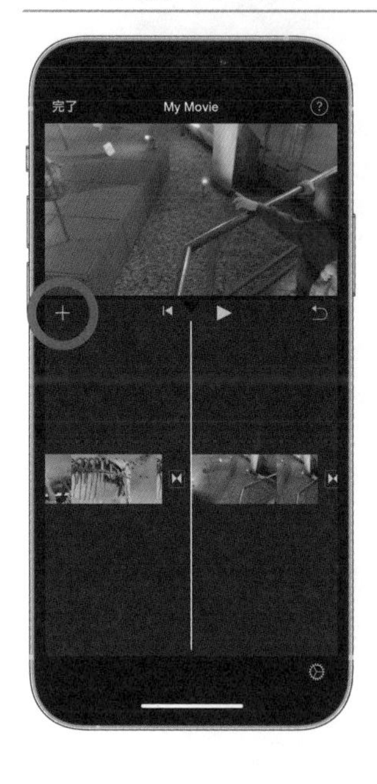

②追加する素材から写真を選択します

＼ためになる話／

ヘルスケアアプリの緊急連絡先の情報はできれば入力しておきましょう。意識不明で救急搬送されるなど命の危険がある場合はこれらの情報が命を助ける場合がありますし、実際にその例も多く報告されています。

③追加したい写真を選択して＋マークをタップします

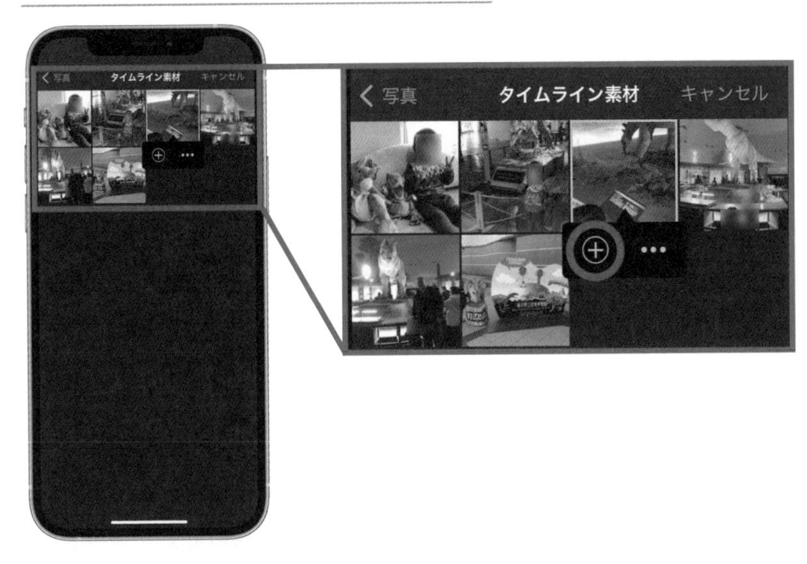

④写真が追加されたことを確認します

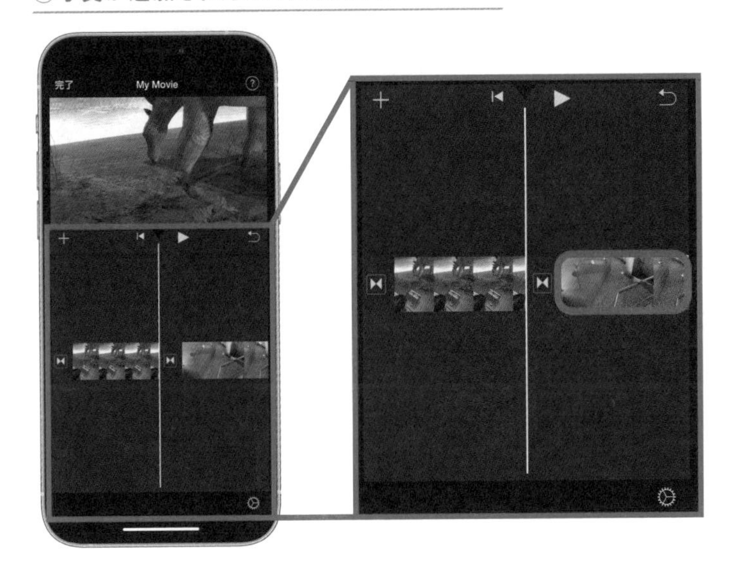

写真の表示時間の決め方は、次のカット編集の項目で説明します。

さらに、写真は追加するとiPhoneが自動判定して、注目すべき部分に向かって移動するような演出が加わります。

これもカット編集中に行える操作になりますので、そこだけ先に見たい方は196ページを確認してください。

05 カット編集

タイムライン上で必要な素材が順番に並んだ状態になった後、次に行うのがカット編集です。

カット編集で余計な部分をカットして見せたいものだけが詰まった動画にすることが目的であり、カット編集が終わると動画のおおよその長さが決まります。

カット編集の大事さは、前述の予告編動画で体験していただいたように、1カットというのは数秒になる場合も十分にあります。

予告編機能がない時代のiMovieはタイムライン編集しかなかったため、単に動画を繋いだだけの編集になりがちでしたが、カット編集の大事さを体験した後だと、単に撮影したものを並べただけの動画はテンポが悪いと感じるようになると思います。

カット編集の重要さがわかった上でカット編集から行っていきましょう。

写真では専用の機能もありますので、合わせて確認してください。

前後の無駄な部分をカット(トリミング)

トリミングはタイムラインに配置した動画の前後の無駄な部分を削除することです。トリミングはクリップをタップした後、ツールバーのハサミのマークがオンになっている状態で有効になります。

＼ためになる話／

Apple製品がデザイナーに好まれるという理由は、もともとは画面で表示されている内容を印刷すると、印刷結果が全く同じになるということに由来しています。特にデザイン業界では印刷する前に結果がわかるのであれば重要ですね。

①クリップをタップした後、ハサミアイコンをタップします

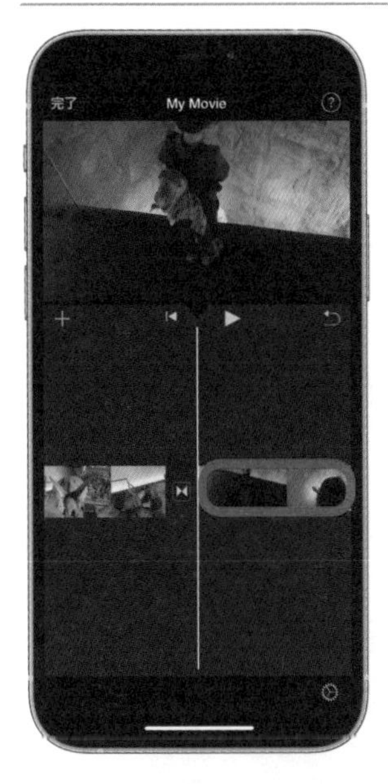

②クリップの前側を指で押さえたままにします

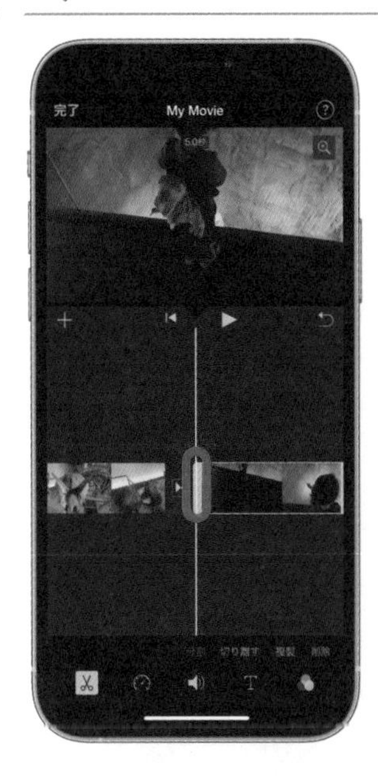

③そのまま指でスライドして前側を切り詰めます

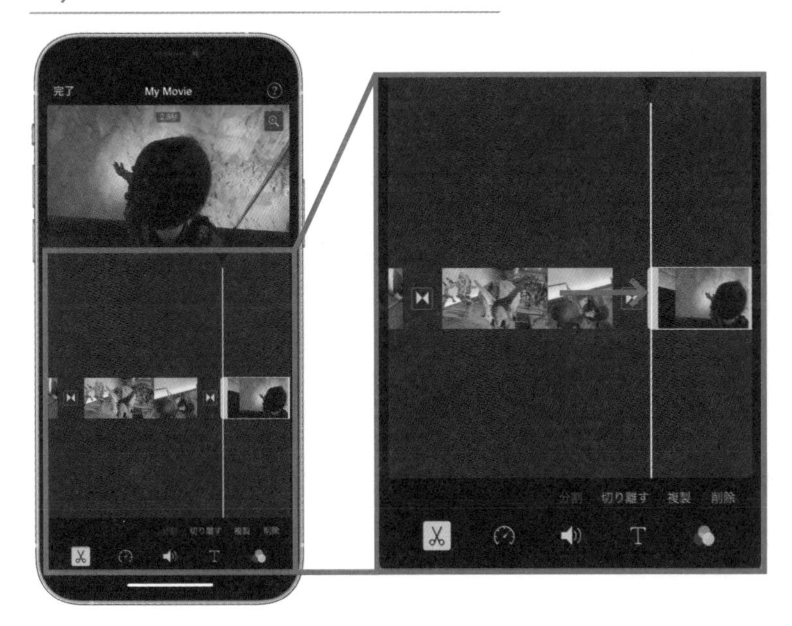

＼ためになる話／

Intel 製の CPU を搭載している Mac には macOS とは別に Windows をインストールして切り替えて使うことができます。これは Windows が Intel 系列向けに開発された OS だからです。

後ろを詰める場合も同様です。

①クリップをタップした後、ハサミアイコンをタップします

②クリップの後ろ側を指で押さえたままにします

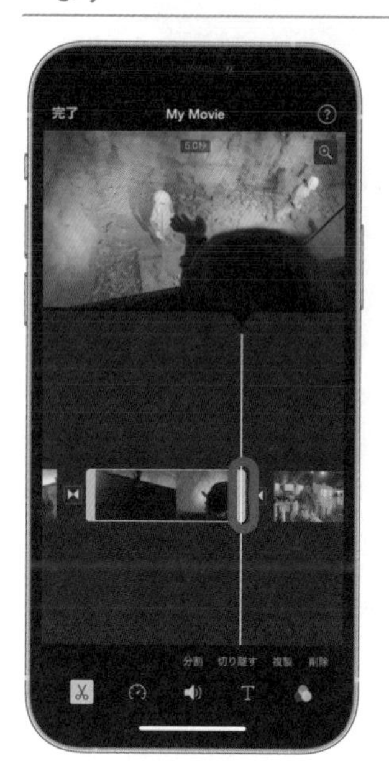

③そのまま指でスライドして後ろ側を切り詰めます

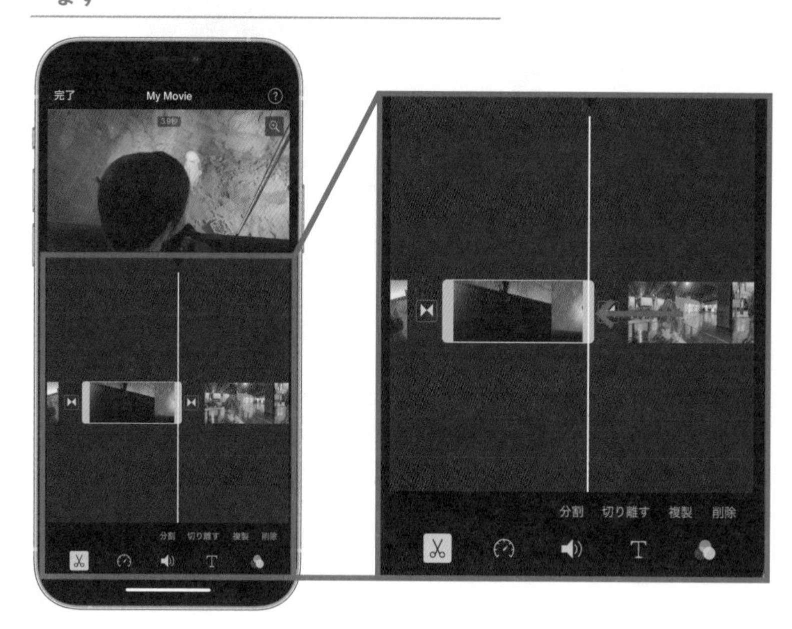

クリップの時間が短くなることで、動画の総時間も短くなりますが、前後の動画は自動的に詰められて流れが途切れないようになっています。

また、トリミングは実際には動画を削除しているわけではなく、時間的に隠していますので、伸ばすような操作をすることで隠れている部分が表示されます。

①トリミングをしたクリップをタップします

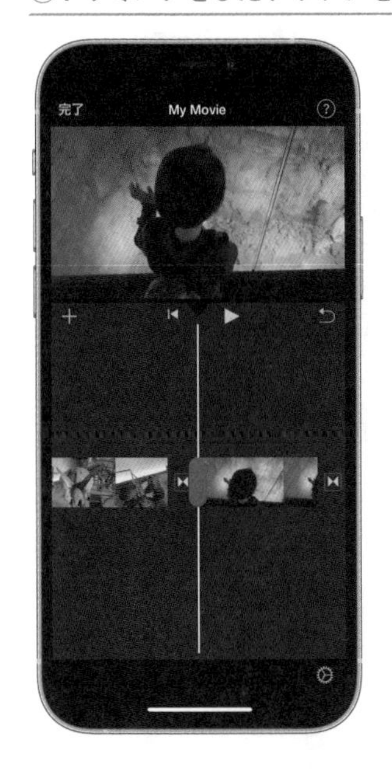

②クリップした部分を引きだすと隠れていた部分が表示されます

途中の無駄な部分をカット（分割）

長回しの動画の場合、途中に無駄な部分が存在していることも多いです。その場合はクリップを分割して無駄な部分を削除してしまいます。

分割したクリップはそれぞれ1つずつの独立したクリップになりますので、分割した後はトリミングをしていくだけです。

＼ためになる話／

iOS 15ではFaceTimeを利用する日時を事前に決めておくことでリンクを含む予定を送信することができます。この機能は昨今高まったのオンライン需要で使われるZoomなどのオンライン会議システムによく利用されています（次ページへ続く）。

①無駄な部分の先頭位置を決めます

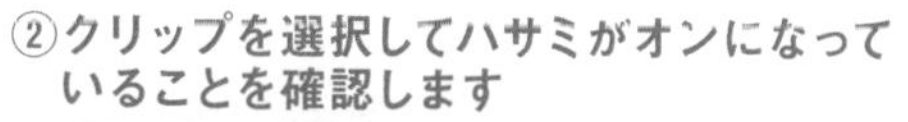

②クリップを選択してハサミがオンになっていることを確認します

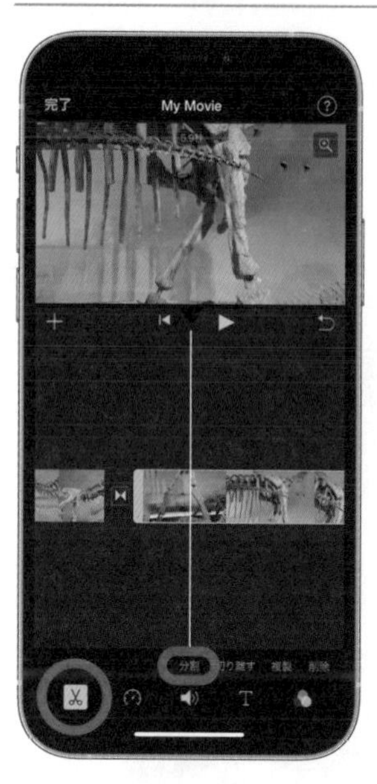

③分割ボタンをタップするとクリップが２つに分かれます

④後ろにある動画の無駄な部分をトリミングします

ためになる話

（前ページから）FaceTime のリンクを送ることができるようになったことで、Android や Windows ユーザーとも FaceTime ができるようになりました。簡単な用途であれば FaceTime の活用シーンが広がったと言えます。

無駄な部分が長い場合は、2箇所カットしてそのクリップを削除すると大きくカットできますので、作業の効率化が図れます。

①この無駄な部分をカットします

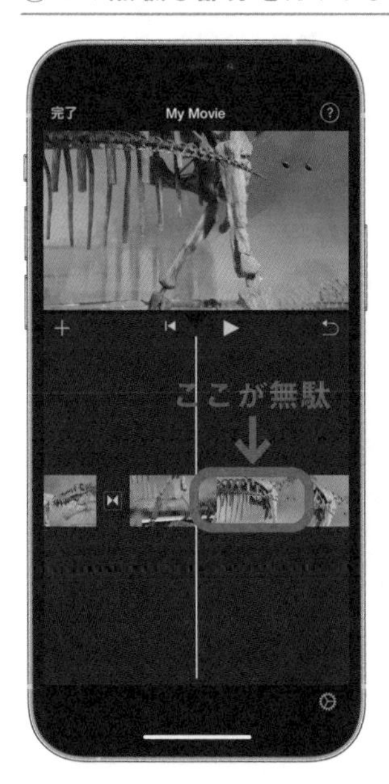

②クリップをタップしてハサミアイコンをタップしてオンにします

③分割をタップして無駄な部分の前側を分割します

④クリップの後ろ側に移動します

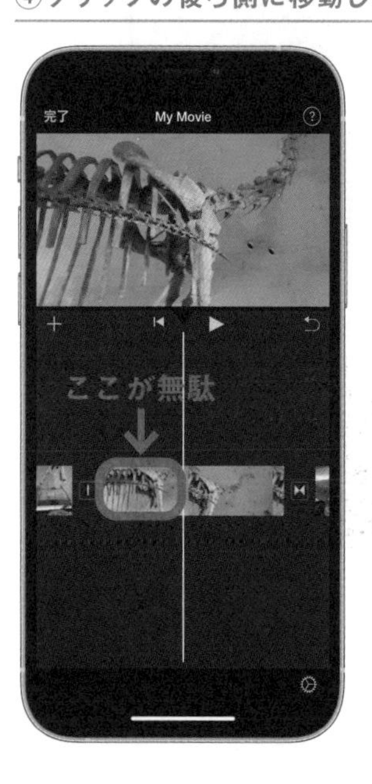

⑤分割をタップして無駄な部分の後ろ側を分割します

⑥分割された要らないクリップを選択して削除ボタンをタップします

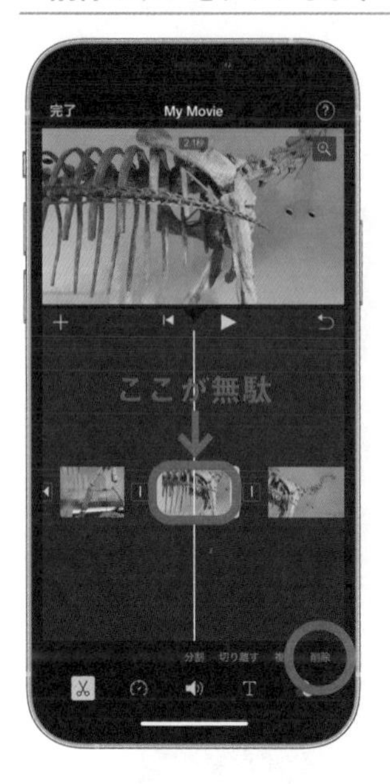

⑦無駄な部分がなくなりました

もちろんカットした後の部分はトリミングにより微調整が可能ですので、切った位置がまずい場合でも後から調整することができます。

自然につながるように何度も再生しながら微調整をしていきましょう。

動画の拡大縮小

動画をタップすると、プレビュー画面に虫眼鏡のアイコンが表示されます。

これは動画の拡大縮小ができる機能で、虫眼鏡アイコンをタップした後、指でプレビュー画面を拡大縮小すると、そのクリップはその縮尺で表示されます。

①クリップをタップします

②虫眼鏡をタップします

ためになる話

iOS 15ではカスタム通知機能により仕事やプライベートなど自分の利用シーンにおいて通知やホーム画面を使い分けることができるようになりました。情報過多の時代にマッチした機能ですね。

③指で拡大します

④動画が拡大されました

写真の拡大縮小

動画は単純な拡大縮小ですが、写真を追加できるiMovieでは写真専用の特別な効果がつけられ、しかも非常に簡単に設定できるのに仕上がりの効果も高いです。

効果の名前は“Ken Burns”というエフェクトになります。

Ken Burnsとは写真を動画に見立てて、開始位置として設定した画角と位置から、終了位置として設定した画角と位置に向かって、時間とともにそれらが移動していくというエフェクトです。

説明がなければ気づかないかもしれませんが、写真の拡大縮小をしようとすると設定項目が現れます。

＼ためになる話／

iOS 15を搭載したiPhoneでは電源が切れていても探すを使った時のiPhoneの場所が更新される場合があります。これはAirTagの仕組みを応用しており、電源の切れたiPhoneが微弱な電波を出していることで実現しています。

①写真が使われているクリップを選択します

②ピンチで開始位置を指定をタップします

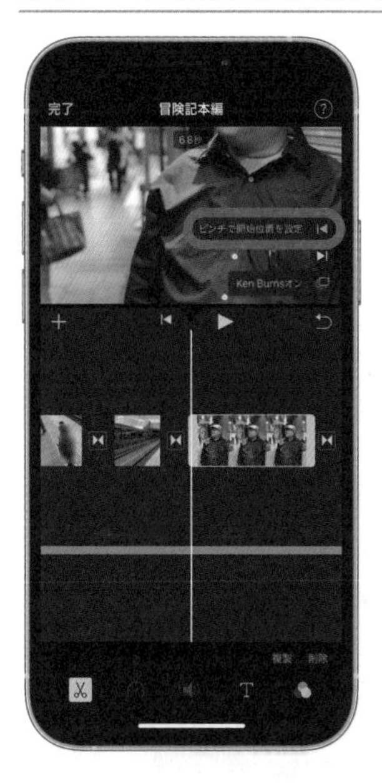

③指で写真の開始位置を自由に決定します

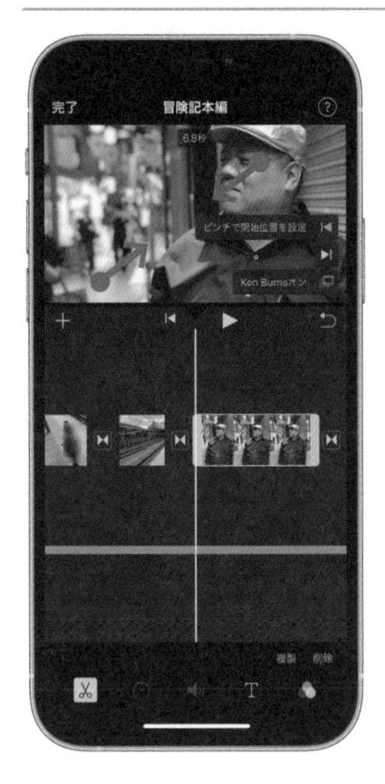

④ピンチで終了位置を指定をタップします

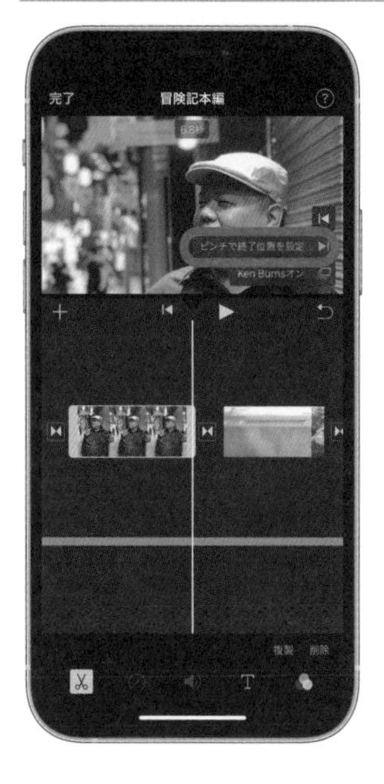

ためになる話

iPhoneでは大型化が進みキーボードが大き過ぎると感じる場合の対処方法があります。地球儀マークを長押しすることでキーボードを左右どちらかに寄せることで片手操作がしやすくなりますので、試してみてください。

⑤指で写真の終了位置を自由に決めます

⑥動画を再生して意図通りに移動するか確認します

上手に撮った写真とKen Burnsの開始位置と終了時、そしてBGMによって素材として動画を一切使っていなくても、感動的なムービーを作ることも可能です。

ご自分のスタイルに合わせて写真をうまく活用しましょう。

ためになる話

iPadにはコントロールセンターの設定に通知音のオン/オフ設定があります。これはiPhoneでいうところのマナースイッチに当たるもので物理スイッチがないiPadではここから制御するように設計されています。

クリップの再生速度

再生速度の変更はクリップ全体の長さに関わってくるので早い段階から調整しておく方が良いでしょう。

全体の長さが重要でないという場合でも、再生速度を変更したい部分というのは、見せ場であることが多いので、編集の初期段階から調整しておくことで頭の中で想像していることを早めに見ることができます。

クリップ全体の再生速度

クリップを選択して、速度を表すタコメーターのアイコンをタップすると速度のコントロールが表示されます。

そのままスライダーを移動させるとその倍率で再生速度が変更されます。

クリップの下には編集していることを表す黄色いバーが表示されます。

①再生速度を調整したいクリップを選択します

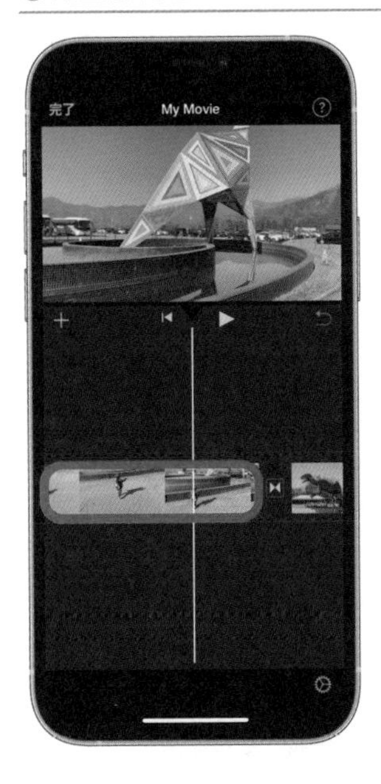

②再生速度変更のアイコンをタップします

③再生速度を変更するスライダーを指で移動します

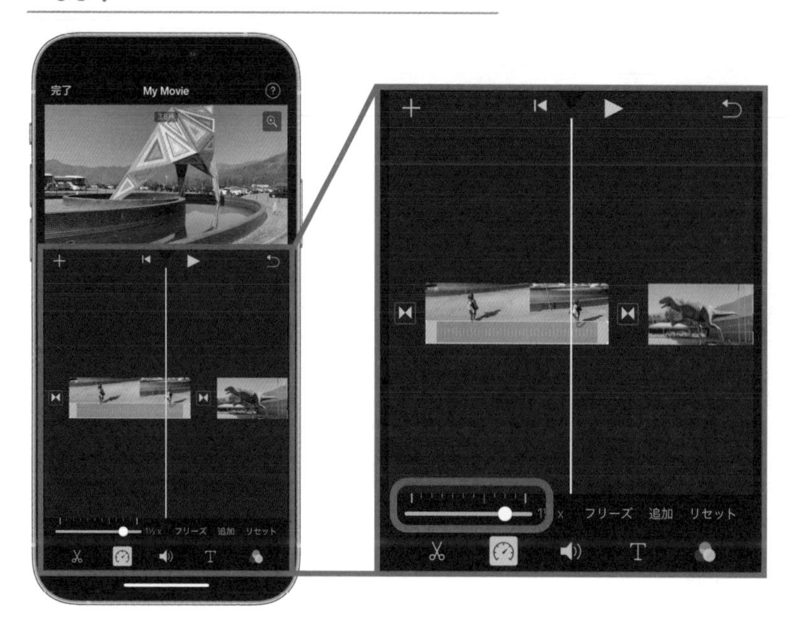

再生速度が変わるとクリップの長さも変わりますので、後ろに続いている動画はその長さによって位置が変わります。

①もともとのクリップがこの長さであったとしても…

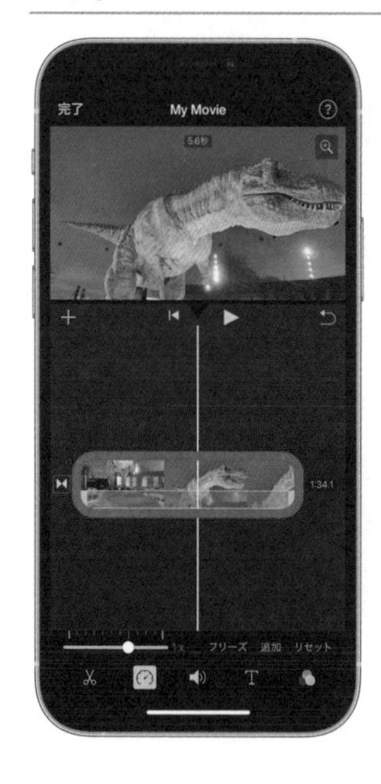

②再生速度が変更されると早さに応じて長さが変わります

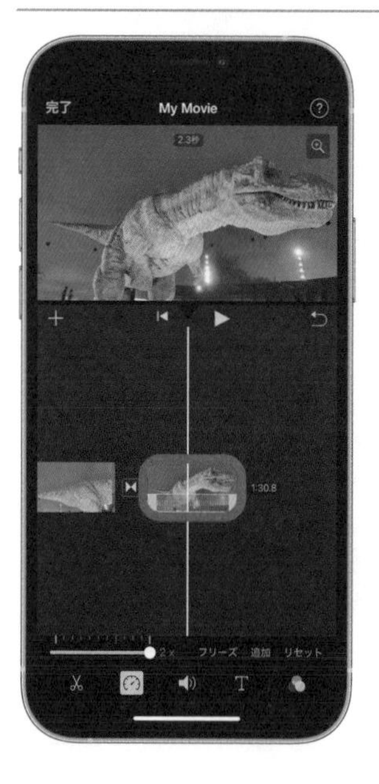

イラスト速度変更

また、速度が変わると音声が高くなったり低くなったりします。これは動画のスピードに合わせて音声の波形も拡大したり縮小したりしているためで、この音声を通常の高さに変更するのはiMovieではできず、少しレベルの高い編集ソフトなら可能です。

フリーズ

フリーズは動画の一部分をストップして必要な秒数だけ引き伸ばす効果です。

素早い動きのあるシーンの見どころで止めたりするような使い方をします。

止めたい部分を表示している状態で、フリーズのボタンを押すとその表示している部分で一定時間止まります。

①フリーズを入れたい位置に再生位置を合わせてクリップをタップします

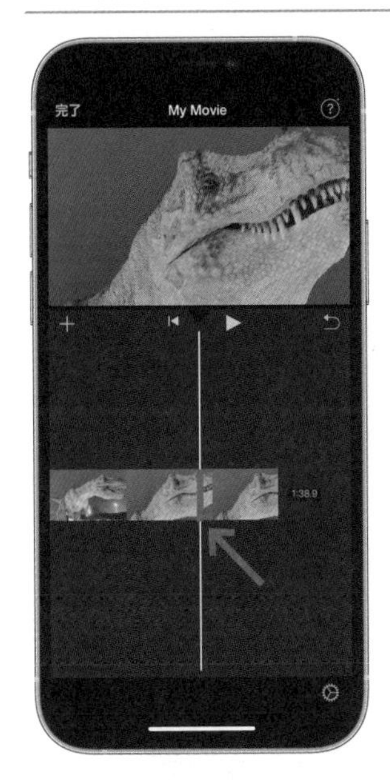

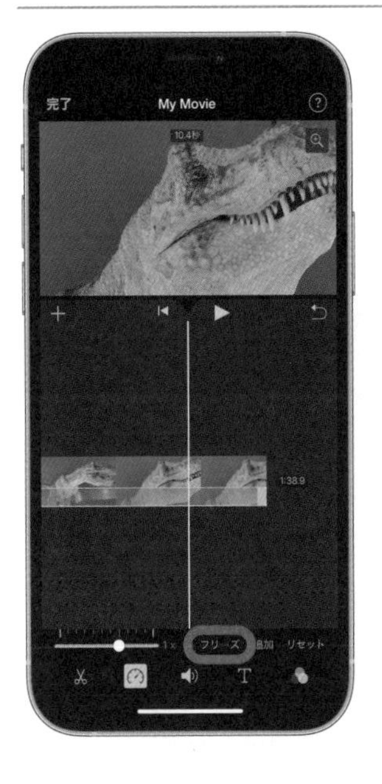

ためになる話

2021年6月よりApple Musicでロスレスオーディオの配信が始まりました。これはデータ量の大きい音楽データであり無線通信を採用したイヤホンではデータ量の問題から聴くことができません。オーディオファン向けの機能だと考えましょう（203ページへ続く）。

③黄色いバーの区間がフリーズする区間として設定されます

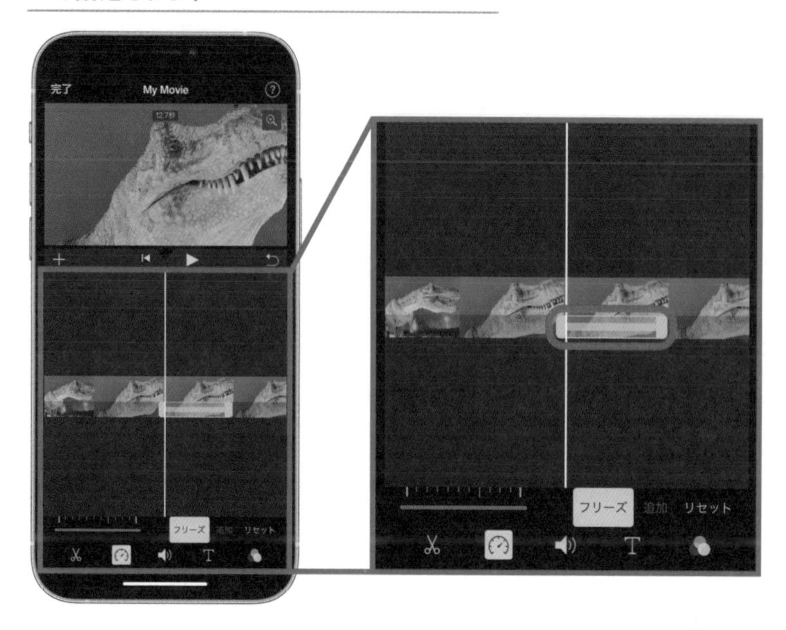

フリーズしている部分を示す黄色いバーを指で移動させるとフリーズさせる時間を変更することができます。

①黄色いバーの端を指でスライドすると…

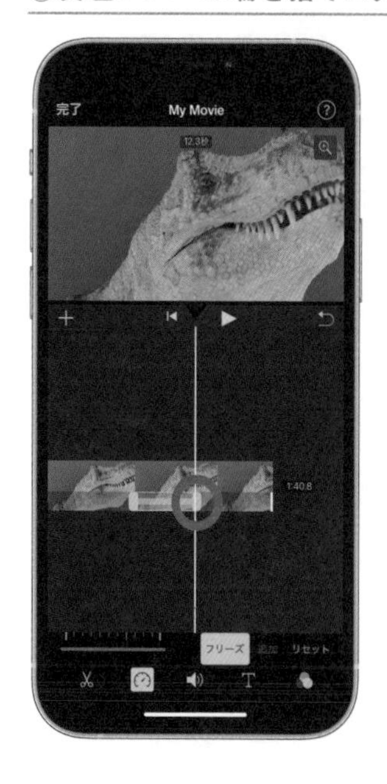

②フリーズする区間を調整することができます

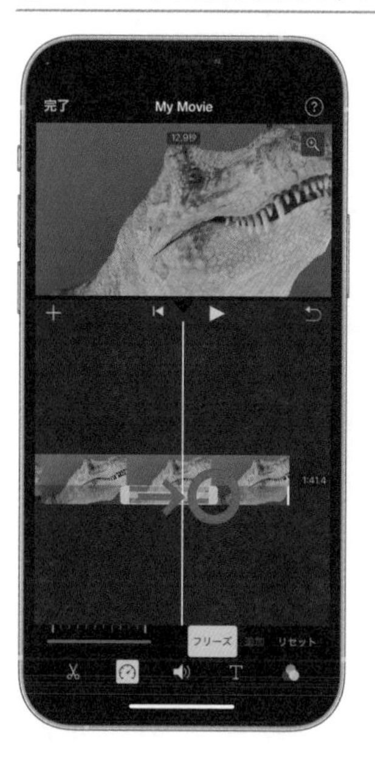

フリーズを止める場合は、改めてフリーズボタンを押します。

①フリーズが設定されているクリップでは…

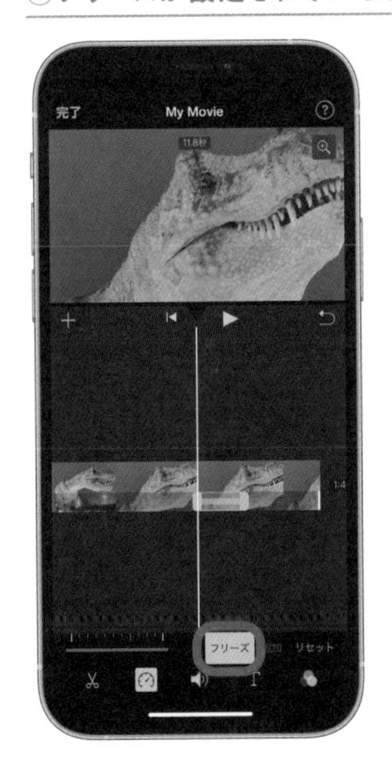

②フリーズをタップするとフリーズを解除できます

ためになる話

（201ページから）同じくApple Musicで空間オーディオのサービスも始まりました。ステレオからの進化して音の位置まで聞き分けられるような規格となっています。その効果は録音環境に大きく依存しますのでまた品質は安定していません。

クリップの音声

ここまでで動画の流れの大半は完成している状態です。

折り返し地点として仕上げのことを考えながら進める工程として、音量の調整があります。

音量の調整は項目が１つしかなくシンプルですが、見やすい動画を作る上では重要です。

クリップの音量を調節する

Clipsでは個別の音量は調整できず消音しかできませんでしたが、iMovieのタイムライン編集では自由に音量を調整できます。

①クリップを選択して音量調整ボタンをタップします

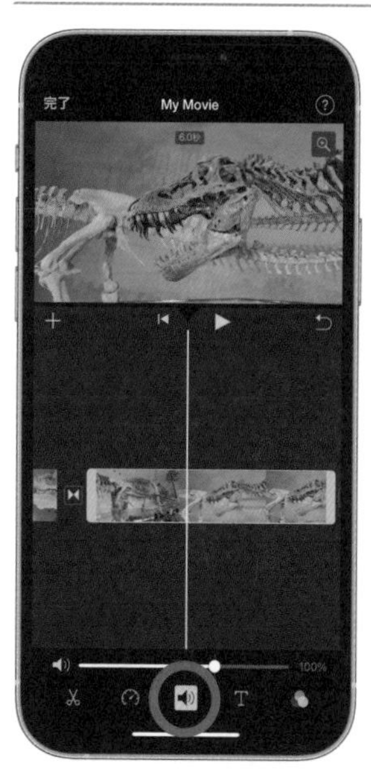

②音量調整のスライダーを移動します

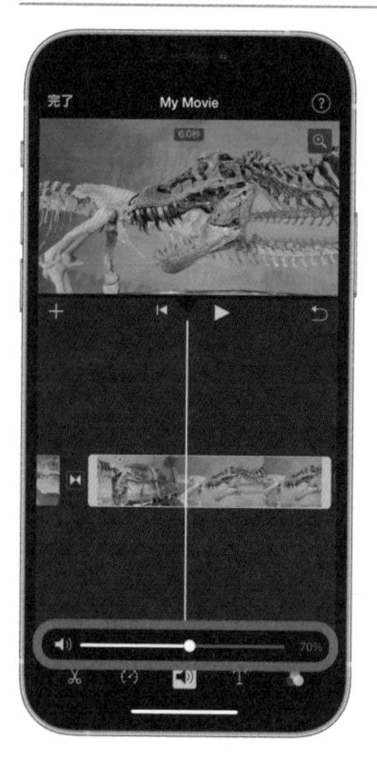

＼ためになる話／

iOS 14以降のボイスメモでは録音した音声のノイズをカットする機能が搭載されました。非常に自然にノイズをカットしてくれますので、さまざまな記録を残す上でも、まずボイスメモで音声を記録するのが望ましいでしょう。

完全に消音したい場合は、スピーカーマークをタップすると一気に0%に設定できます。

①通常は100%の音量ですが…

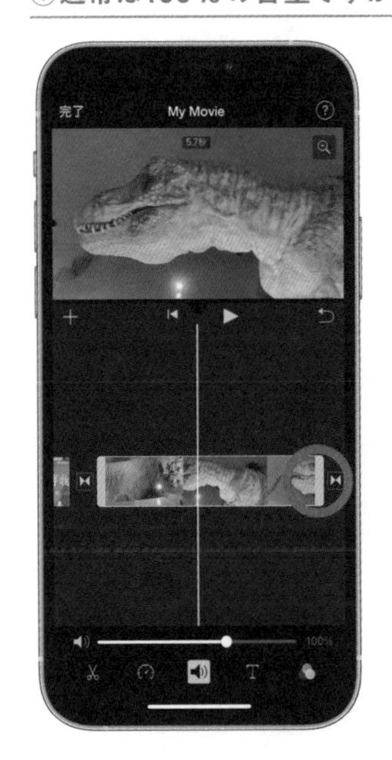

②スピーカーアイコンを押して一気に0%になります

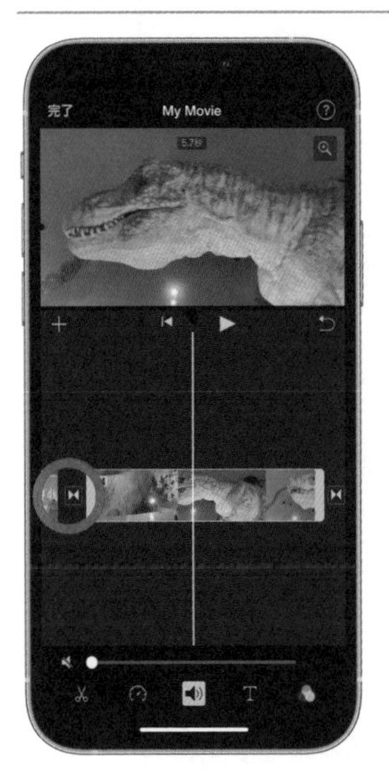

音に細かくこだわる場合

音量を自由に調整できるので素材単位の音量はもちろんのこと、素材をカットすればカット単位で音量を調整できます。

この方法は一見スマートではない方法のように見えますが、プロの動画編集でも音量の調整は部分的にはこのように細かい作業を行っていることもあります。

どの程度こだわりたいか、またそのこだわりを実現できる機能があるかどうかが、編集ソフトのランクを決めるといっても過言ではありません。

＼ためになる話／

iPhoneには最大3基のマイクが搭載されています。本体下、背面カメラ横、受話器スピーカー部です。これらの位置関係でノイズの除去や音声の方向を計測してクリアな録音環境を提供しています。意外とたくさん使われていますね。

①1本の長い動画で音量を調整したい最初の位置を…

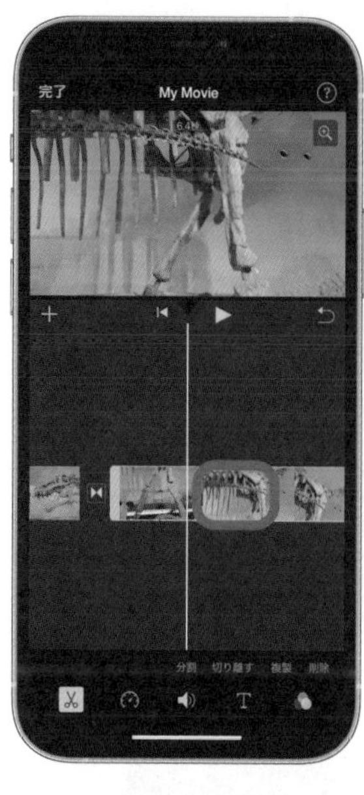

②まずはカットします

③続いて音量を調整したい終わりの位置を…

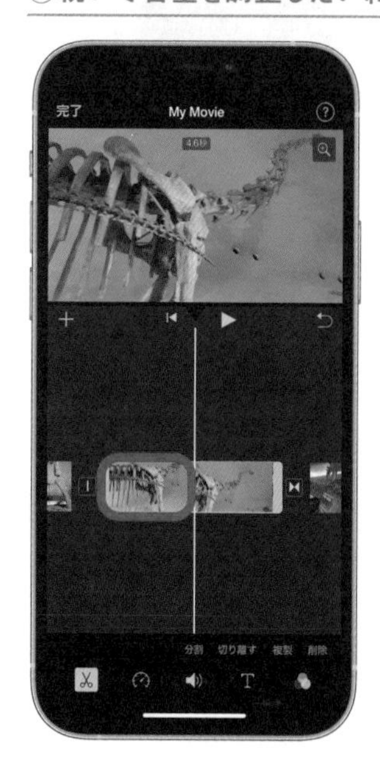

④カットして分離します

＼ためになる話／

tvOS15 になり Apple TV のメインスピーカーに HomePod mini を指定できるようになりました。本来は遅延の発生する組み合わせですが独自の技術によりタイミングを合わせる仕組みが入っておりそれを解決しています。

⑤音量を調整したクリップを選択して…

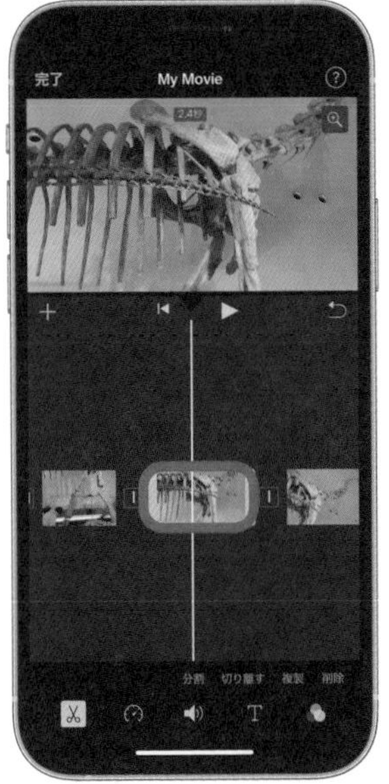

⑥音量を調整します

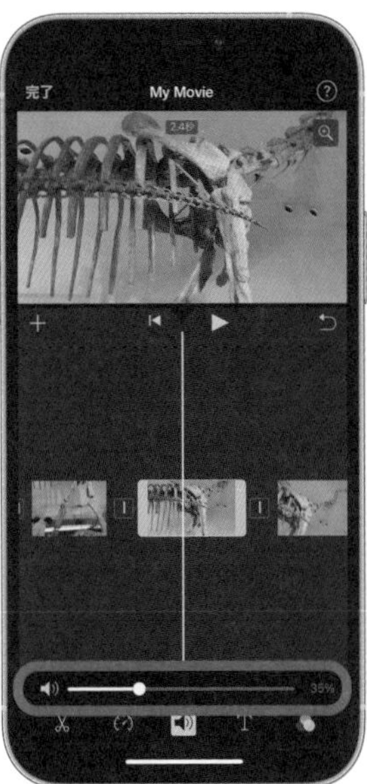

＼ためになる話／

iOS 15では新しい端末を購入した場合、データ移行のためのiCloudバックアップ容量が無料で無限に利用できます。移行のためのデータ保管として最大3週間保管されるようになります（次ページへ続く）。

テキストの表示

テキストとは字幕のことで、文字がどのように表示されるかも同時に設定します。
字幕の効果はみなさんテレビや動画配信などでおわかりいただけていると思いますので、どのような使われ方をするかはわかるかと思います。

テキストの設定方法

テキストは再生速度の変更ボタンの隣にあるテキスト設定ボタンで挿入することができます。

そのままクリップに対して設定しても良いのですが、動画の内容に合わせてテキストの開始と終了を合わせたい場合は、あらかじめ動画を分割しておくことをお勧めします。

①テキストを入れたい動画をタップします

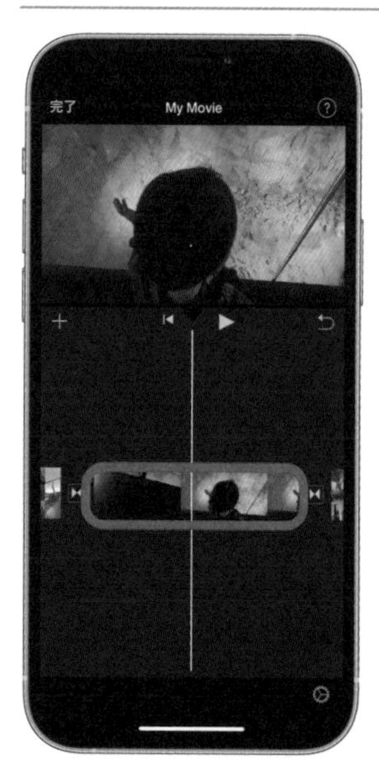

②テキストボタンをタップします

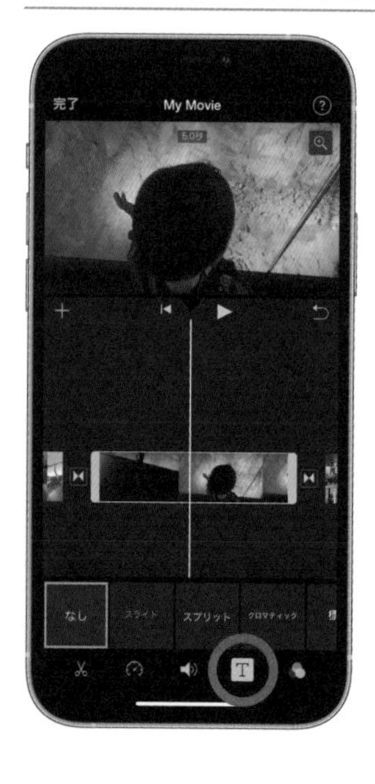

ためになる話

（前ページから）移行のために iCloud バックアップを使う場合、端末を先に処分してから新しい端末を調達する方法が取れるようになります。今までは iCloud の有料会員しかできませんでしたが以後は全員可能になります。

③設定したいテキストの演出をタップして選択します

④プレビュー画面のテキストをタップして、表示される編集をタップします

⑤変更したいテキストに入力しなおします

⑥指でドラッグすると自由な位置に表示することができます

＼ためになる話／

iPhone の動画撮影中に被写体が喋った場合、その被写体の音声を強調して聴きやすく記録する『オーディオズーム』という機能があります。これは自動的にオンになっておりオフにすることはできません（次ページへ続く）。

⑦動画を再生して仕上がりを確認します

いわゆる字幕を入れる作業というのはとても地道で昨今の動画制作事情でも字幕を入れる作業が一番大変だと言われています。

iMovieは字幕専用の機能は備えていないこともありますが、どの動画制作でも地道であることには変わりありません。

また、iMovieでは1つのテキストで複数の文字が入れられるものがありますが、もし不要だと感じた場合は、空白文字のスペースを入れて無くしてしまいましょう。

ためになる話

（前ページから）サードパーティ製のアプリで動画撮影する場合はオーディオズームは機能しません。オーディオズームが不要な場合はサードパーティ製の動画撮影アプリを利用すると良いでしょう。

◎ フォント

フォントは文字の形状のことで、可愛い文字やカッチリした文字など、このフォントによってテキストの表現したいことを強調します。

フォントには大きく“英文フォント”と“和文フォント”というものがあり、漢字やひらがなの場合は、和文フォントを選択する必要があります。

和文フォントは種類が少ないのですが、フォントの名前が日本語で書かれているものが和文フォントになります。

①テキストが設定された動画でフォントボタンをタップします

②フォントの一覧から設定したいフォントの名前をタップします

ためになる話

iOS 15 では写真や動画の撮影日や撮影に使用したカメラの情報が記録されている EXIF と呼ばれる情報の閲覧ができるようになりました。従来サードパーティ製のアプリが必要でしたが以後は不要です。

◎ 色

文字の色を変更します。変更できる色は単色となりますが、さまざまなカラーを選択することができるので、背景となる動画との関係で適切な色を選んでください。

もしくは、怒っている時は赤、恥ずかしい時はピンクなど、テキストの表す意味で色を統一するなど、見る人へのわかりやすいサインにもなりますので、うまく活用しましょう。

①テキストが設定された動画をタップして色の変更ボタンをタップします

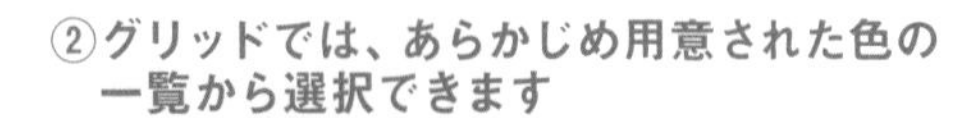
②グリッドでは、あらかじめ用意された色の一覧から選択できます

＼ためになる話／

Apple Books は電子書籍の販売ストアですが、実はオーディオブックという音声版の書籍も取り扱っています。文字よりも音声で情報を得る方が向いているという方がいらっしゃいます(次ページへ続く)。

③スペクトラムでは、無段階に色を選択できます

④スライダでは、色の三原色の組み合わせで色を選択できます

⑤変更された色が問題ないか再生ボタンを押して確認します

ためになる話

（前ページから）音声で情報を得るのが得意な方は、認知特性が聴覚優位であるという言い方をしますが、このような方はオーディオブックを聞く方が本を読むよりもよりスムーズに内容が入ってくるでしょう。

◎ オプション

オプションによってテキストの表示のされ方を変えることができます。

できることは、フォントと色の設定以外でできることという認識で問題ありません。

①テキストが設定された動画をタップしてオプションボタンをタップします

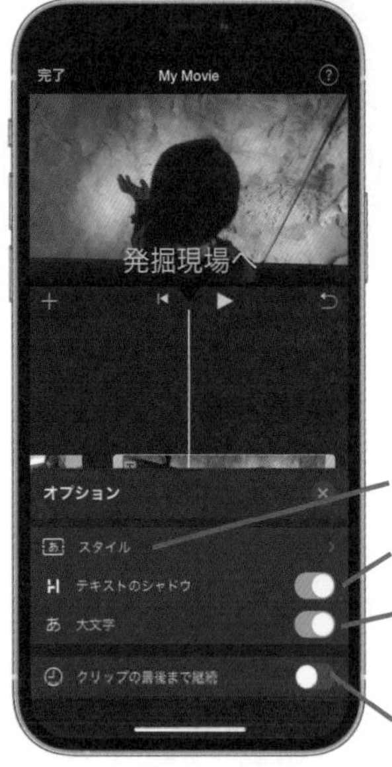

❶ “スタイル”で表示位置を設定できます

❷ “テキストのシャドウ”で影のオンオフができます

❸ “大文字”で文字が英文字の場合常に大文字になるように設定できます

❹ “クリップの最後まで継続”でテキストが最後まで表示され続けます

最後のオプションである“クリップの最後まで継続”はとても重要です。

iMovieのテキストは標準的に長さが決まっていて、その長さが満了するとクリップの途中でもテキストは消えてしまいます。

この“クリップの最後まで継続”をオンにすることで、テキストが付けられているクリップが終了するまで文字が表示され続けます。

つまり、クリップの長さがそのままテキストの表示の長さに直結するということで、あらかじめクリップの長さを調節したほうが良いと解説したのは、そのためでもあります。

また、各テキストの演出を表示するためにはクリップの長さが最低でも3.1秒必要です。それ以上短いクリップの場合テキストの演出は省略されますのでご注意ください。

テキストの種類

テキストの種類は必要最低限のものが揃っていますがよく使うものは限られてくるかと思います。

また、サンプルとして表示されるテキストは標準設定のものですので、一見すると使いづらいと思う場合もありますが、動画の内容によってはオプションの設定を変更することで使いやすくなるものもありますので、すぐに諦めず試行錯誤を繰り返してみましょう。

テキストの表現の仕方は自由度が少ないですが、限られた中で比較的に合うものを選んでいく必要があります。

この自由度の少なさが、他の本格的な動画編集ソフトに移行するきっかけになっていることが多いように思います。

＼ためになる話／

iOS 15ではAirPodsに対しても探す機能が強化されました。具体的にはケースから出さない状態でも探すことができるようになりました。またiPhoneと離れた場合に通知も来るようになりました。

①なし

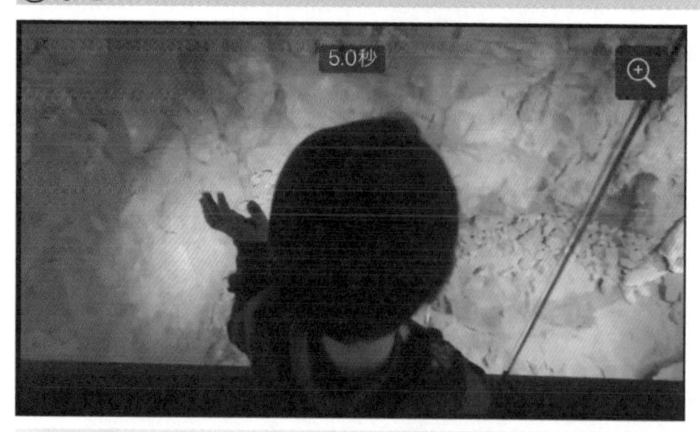

テキストを表示しないという設定です。標準ではこれが選ばれていますが、誤って設定してしまったテキストを削除したり、色やフォントの初期状態がわからなくなった場合などは、こちらを経由して設定し直すことでリセットできます。

②スライド

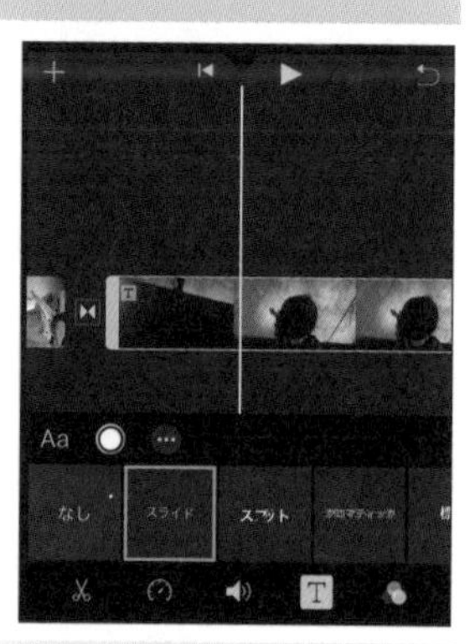

1文字ずつ下から迫り上がってきて、最後はまとめて消失します。比較的に落ち着いた表現ですので、オシャレなBGMが流れている時の曲紹介などに使うと使い勝手が良いでしょう。

③ スプリット

中央で右上から左下に向かって分割されており、その分割の境目から文字が現れます。かっこいい表現ですので、例えばお子さんのかっこいい様子を表すときにタイトルとかにしようすると良いかもしれません。

④クロマティック

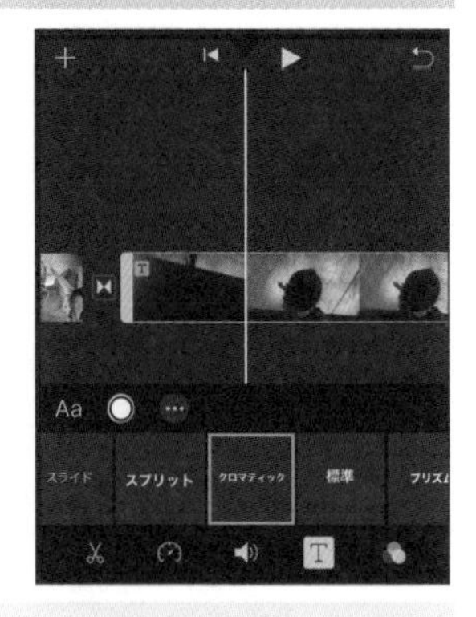

色の3原色が集合して最終的に文字になるというものです。動画の中で映像表現の制作などをしていたり、アーティスティックなことをしている時のタイトルなどにしようすると良いでしょう。

⑤標準

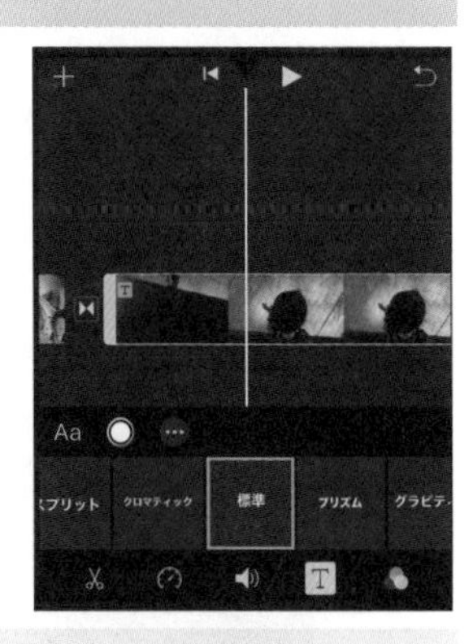

シンプルイズベストで非常に使いやすいのですが、入力できる文字の場所が中央の場合3箇所もあり、字幕に使いやすい表現にもかかわらず不要な文字をスペースで消していく工程が手間でもあります。

⑥プリズム

文字が細かいモザイク上に分割されて現れて、消えていくような演出です。あえて大きく見せることで可愛らしいものを写した動画のタイトルなどに使うと使い勝手は良いと思います。

⑦グラビティ

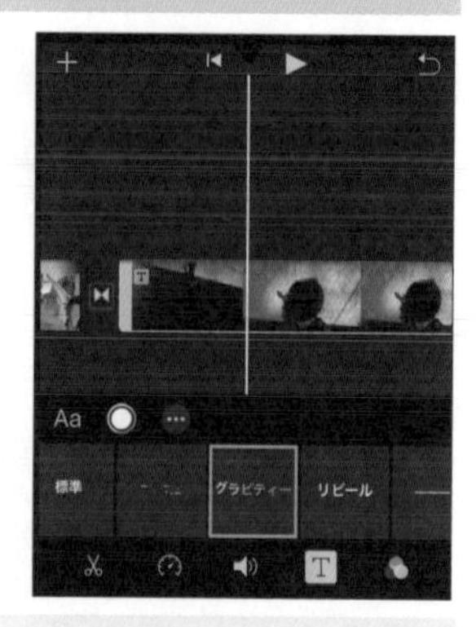

文字か1文字ずつずれて上から落ちてきて揃い、そして消える際にもずれて落ちていきます。英語の表現を元にしているため、頭文字だけ違う動きをしますが日本語でも頭文字を強調したい場合は使えます。

⑧リビール

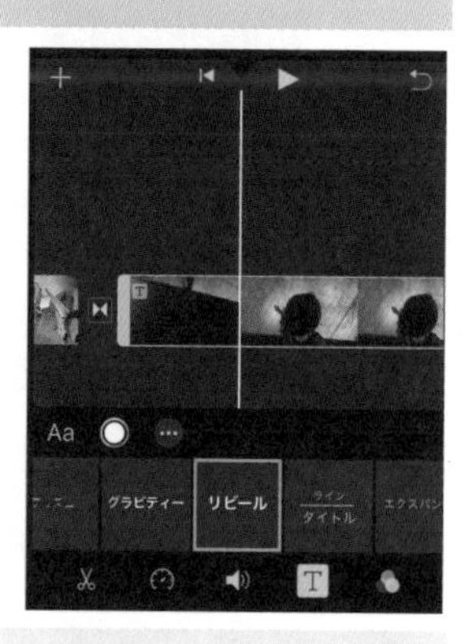

定位置にある文字が下から浮き上がり、消えていきます。またこのテキストは表示されてから終了するまで徐々に大きくなるように設定されています。使い方によっては荘厳な雰囲気に使えるかもしれません。

⑨ラインタイトル

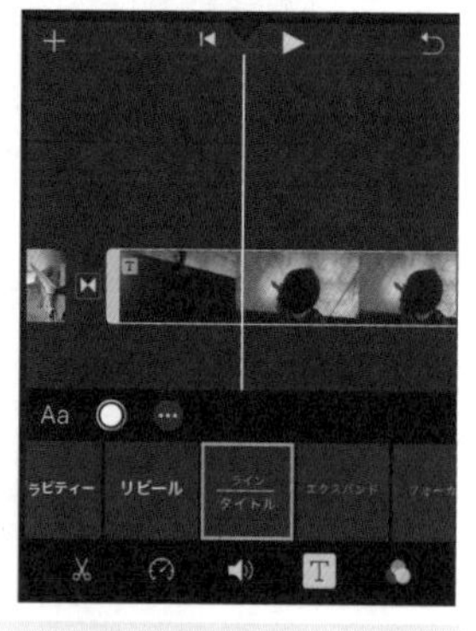

中心にラインが引かれその上下に文字が表示されます。場合によっては下側が不要という場合もありますので、その際は下側の文字をスペースで消して位置を調整しても良いでしょう。

⑩エクスパンド

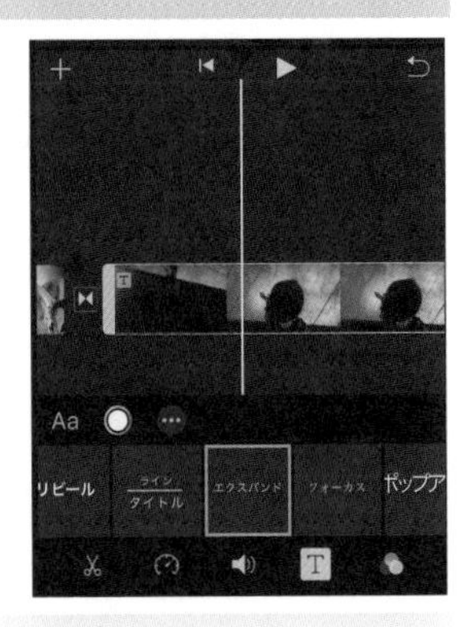

リビールの文字が自然に浮き出てくるパターンです。このような文字の浮き出たかをディゾルブと言い、トランジションの項目でも解説しています。非常によく使う表現方法です。

⑪フォーカス

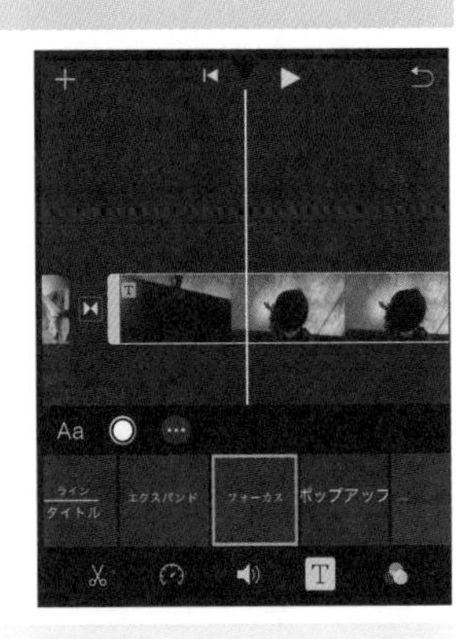

文字が手前から奥に向かって集まり、ピントが合うようにして表示されます。スピード感のある動画のタイトルなどにしようすると迫力が伝わって良い動画になる可能性も高まるのではないでしょうか。

⑫ポップアップ

左から右に可愛く飛び出るように表示されて、一斉に引っ込むように消えていきます。とても可愛らしく使い勝手は良いですが、使いすぎは画面がうるさくなってしまいますので、要所で使ってください。

⑬テーマの字幕

テーマの字幕は現在選択しているテーマに合わせたグラフィックを伴った字幕となり、この字幕に限りテキストの位置や大きさを変えることはできませんので、通常のものよりも制限が強くなっています。

＼ためになる話／

iCloudの有料会員はiCloud+というサービスを利用することができます。これは会員であれば自動的に発生する特典となります。iCloud+にはさまざまな特典がついており特に安全面が強化されています（次ページへ続く）。

トランジション

トランジションとは２つの動画の繋がりに対して加えられる演出で、古く映像編集に関わってきた人たちの知恵が詰め込まれた技術です。

トランジションを加えるだけで単純に動画を繋いだものよりも一段と作り手の意図を伝えやすくなります。

トランジションは非常に使い勝手の良い機能のため多用してしまいがちで、しかもそのことに作っている時点では気づきにくいという側面があります。

そのため、あまり多用しすぎると動画がうるさくなってしまいますので、本来はここぞというところで自然に使われるべきと考えておくことが重要です。

トランジションの設定方法

トランジションはタイムライン上の動画と動画の間にあるアイコンから設定することができます。

基本的に動画と動画の繋ぎ目には全てトランジションを設定できるアイコンが表示されていますが、初期状態ではなしが選択されています。

＼ためになる話／

（前ページから）iCloud+ではいろいろなサービスに登録するメールアドレスのためにランダムなアドレスを発行できます。このアドレスを登録に使えば情報漏洩に対して強くなるというメリットがあります（次ページへ続く）。

①タイムライン上のトランジションをタップします

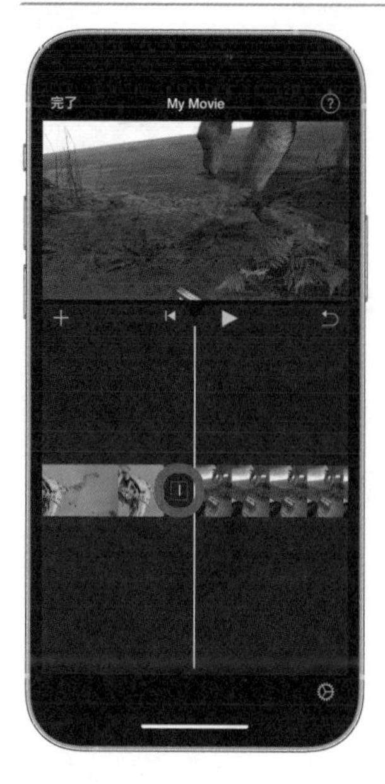

②初期状態のトランジションはなしが選択されています

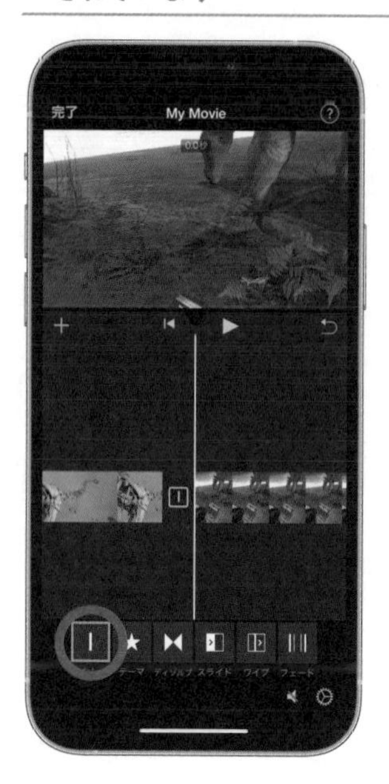

③設定したいトランジションをタップして変更します

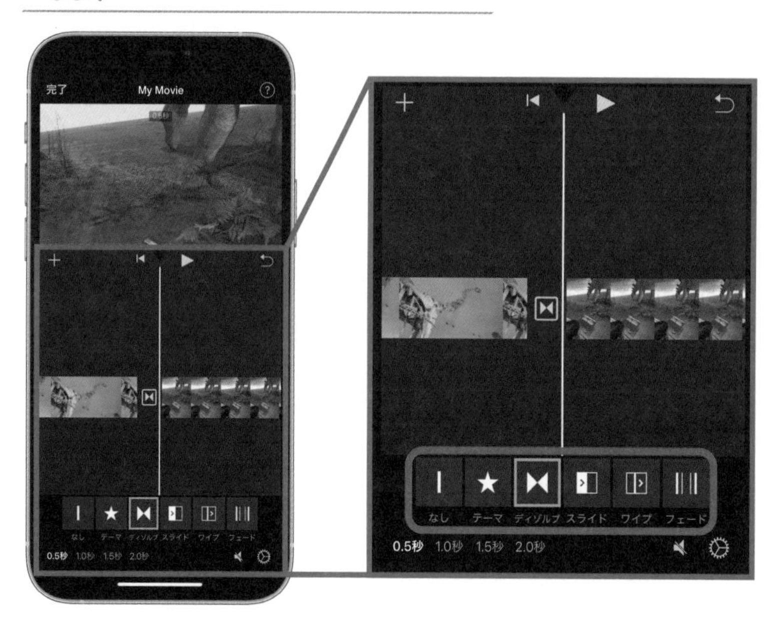

＼ためになる話／

(前ページから)iCloud+では端末からWebサイトを利用する際にAppleが用意したリレーサーバーを経由することで、通信の安全性を確保する機能があります。これにより端末からサイトまでの情報が秘匿されたまま利用できます。

また、トランジションがタイムラインに表示されている関係上、プレビューで再生中にトランジションの部分に差し掛かると、タイムラインが次の動画に飛び移るように移動します。

これはトランジションそのものが時間の概念を持つわけではなく、あくまで前後の動画が繋がって再生されているためです。

トランジションの種類

トランジションというのは、映像の世界でも元々すごくたくさんの種類があるというわけでなく、基本的にはベーシックなものを効果的に組み合わせて使っていくような考え方になっています。

iMovieではさらに本当によく使うものに厳選して選択されていますので、ここで使えるトランジションが基本だと考えて覚えておくと良いでしょう。

トランジションの表現を覚えておくと映像を撮影する際にどのようなトランジションで繋ぐかもイメージしながら撮影できます。

①なし

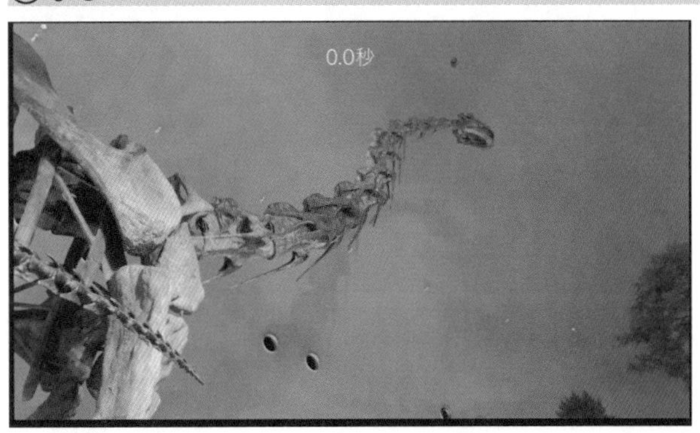

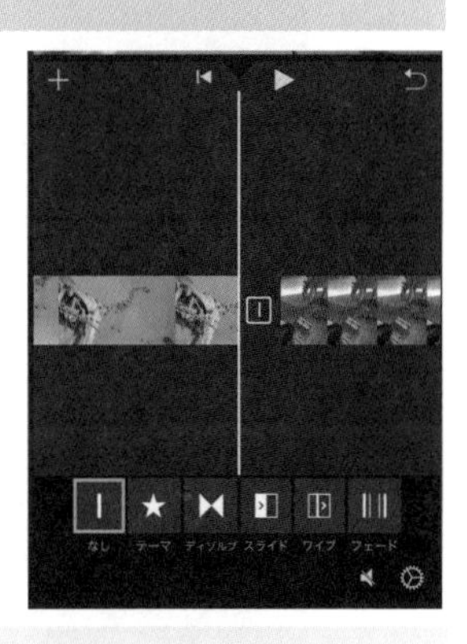

トランジションを設定しない状態です。標準ではこちらが選択されています。一度トランジションを設定してしまってもこちらを再度選択することでトランジションを削除できます。

＼ためになる話／

iOS 15ではFaceTimeを繋いだ家族や友人同士で同じApple TVのコンテンツやApple Musicの音楽、今実行中のアプリの画面などを共有して楽しむ機能が追加されました。離れて暮らす人同士の交流のためです。

②テーマ

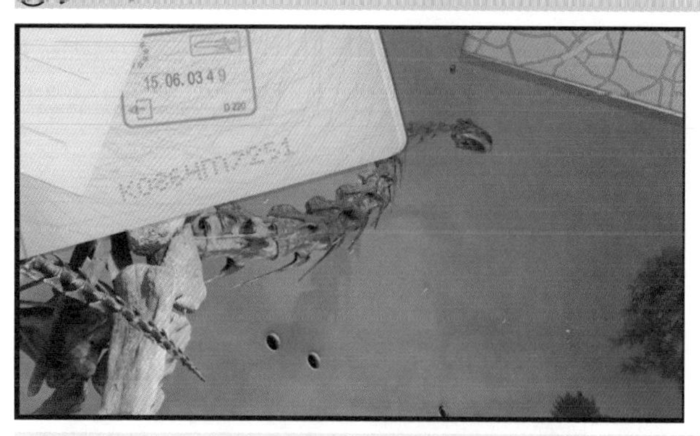

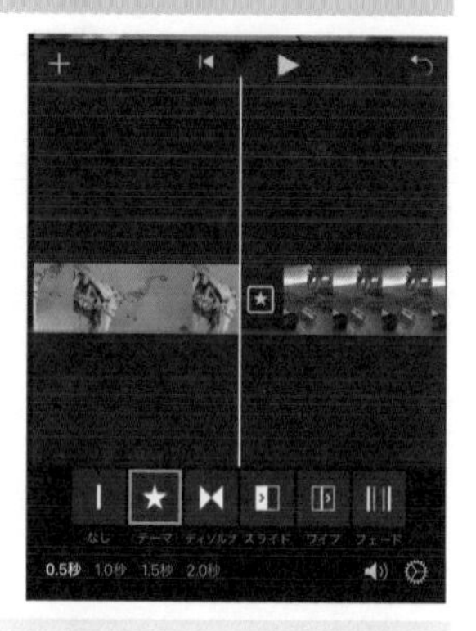

　選択しているプロジェクトのテーマに沿ったグラフィックを伴ったトランジションが使用されます。かなりテーマ性に引っ張られるような作りになっていますので、上手に使いましょう。

③ディゾルブ

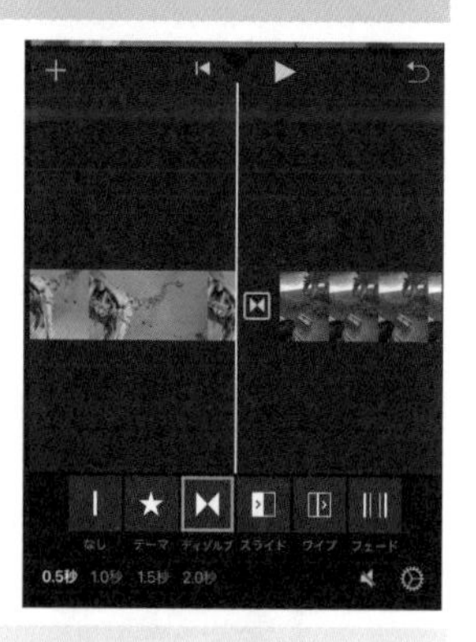

　もっともよく使うトランジションで、前の映像と次の映像がじんわり入れ替わるようにして切り替わります。この時中間地点ではどちらの映像も半透明状態で見えている状態になります。

④スライド

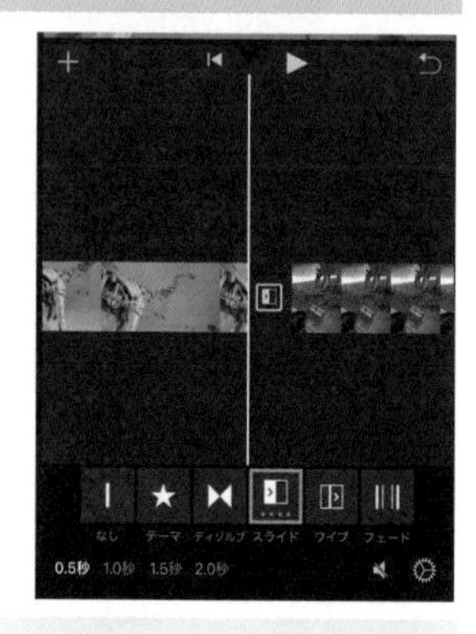

　次に来る映像が指定の方向から重なって動いてきます。昔の映像表現ではこちらが普通でしたが、少し古臭い映像に見えがちですので、効果を考えて使いましょう。また、スライドのアイコンを複数回タップすることで方向を選択できます。

⑤ワイプ

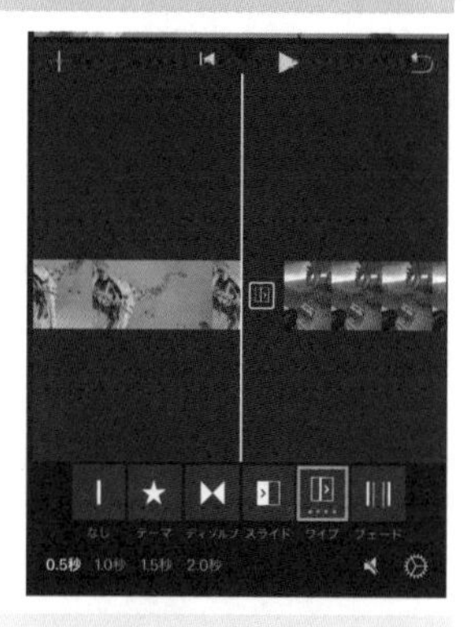

上側にある前の映像が、後ろ側にある後の映像に重なった状態のまま、前の映像が指定方向に切り取られていきます。動きを表す切り替わり方法として優秀で、アイコンをタップすることで方向も決められます。

⑥フェード

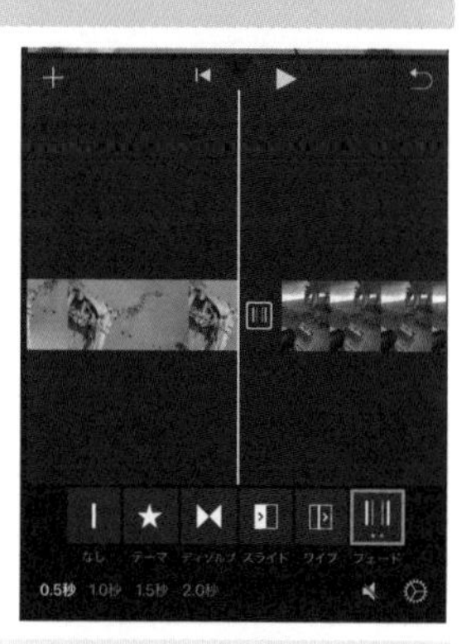

一見ディゾルブと似ていますが、iMovieのディゾルブは正式な名称をクロスディゾルブと言い、両方の映像が同時に半透明で重なって見えるのに対して、フェードは黒もしくは白の単色の背景を経由してディゾルブします。タップで白と黒を切り替えることができます。

ためになる話

iOS 15 では写真に写ったテキストを指で選択してコピーすることで文字情報としてペーストする機能が備わっています。ホワイトボードや看板なども瞬時に読み取れますが 2021 年 10 月現在日本ではサービスされていません。

素材を重ねる

テレビではお馴染みの表現方法として、１つの映像に別の映像を同時に流すという手法があり、iMovie でもそれらの映像表現を使用することができます。

考え方の基礎となるのは、原則として主となる映像が存在しており、その上から副となる映像を重ね合わせるという見方で捉えていただくと良いです。

つまり、重ね合わせた映像はでき上がる動画の時間には影響せず、主となる映像を補足する意味の強い映像が用いられます。

用語は少し難しいですが、どのような結果が得られるかということを覚えていただければ問題ないかと思います。

カットアウェイ

カットアウェイは、主となる映像の上に大きく覆い被さるように別の映像を表示させます。

一見、主となる映像をカットして別の映像を挿入したように見えますが、音声は主となる映像の音声がそのまま継続して再生され、上に重ねられた副となる映像の音声は無音になります。

副となるクリップを選択して音量を調節することはできますので、音声が必要な場合は、主と副と両方の音声を再生することもできます。

カットアウェイの使い道としては、主となる動画の流れを変えずに補足動画やいわゆる２台目の別アングルの映像に切り替えるときなどに使用します。

ためになる話

iPad と Apple Pencil があればキーボード入力する入力欄に Apple Pencil で文字を書くことで入力文字にすることができます。現在は英語のみにしか対応していないため日本語対応が待ち望まれています。

①＋ボタンをタップします

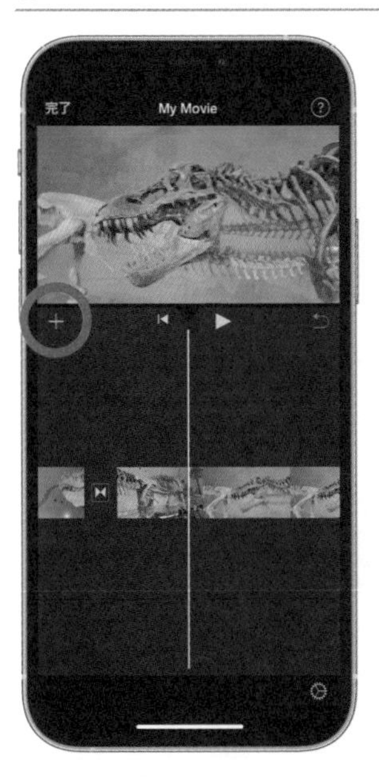

②上に重ねたい素材をタップします

③"…" ボタンをタップします

④カットアウェイをタップします

Chapter 5

ためになる話

iOS 15 では Siri がインターネットを使用できない状況でも利用できるようになりました。このことで反応速度が早まるだけでなく機内モードなど通信できない状況でも素早く返答を返すことが可能になりました。

⑤素材が重なっていることを確認します

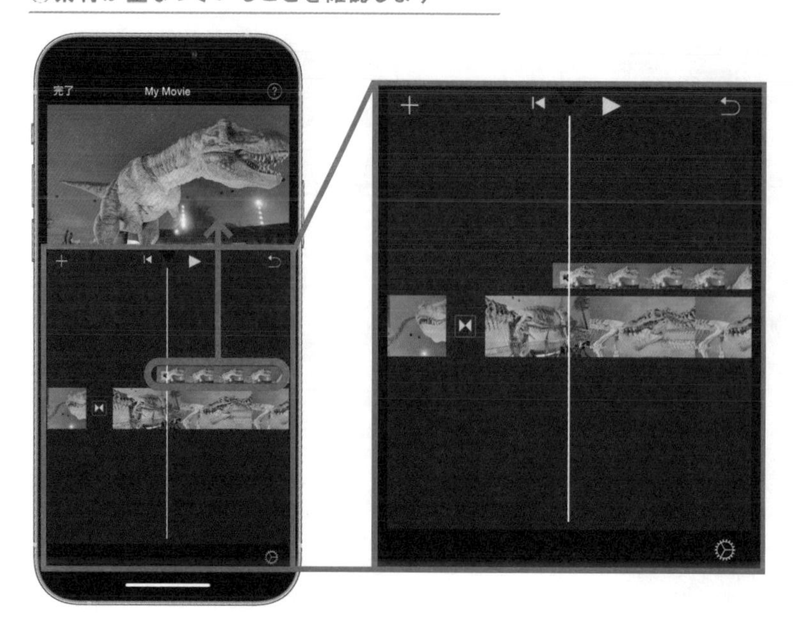

ピクチャ・イン・ピクチャ

ピクチャ・イン・ピクチャとは、テレビがお好きな方であれば“ワイプ”という表現を聞いたことがあるかと思います。

ある映像の上に小さく別の映像が乗って同時に再生されている状態のことです。

バラエティ番組などでは、ロケの映像に重ねてスタジオにいる芸能人が驚いたりする表情が映し出されていたりするものです。

得られる効果がわかりやすいので、使いたいなと思った場面で使用すると、だいたい意図通りの結果が得られます。

＼ためになる話／

iOS 15で追加された新しい通知モードではiPhoneだけでなくお使いのApple製品全てで同じ通知モードが自動的に適用されます。このことによりより仕事やプライベートに集中できるようになります。

①＋ボタンをタップします

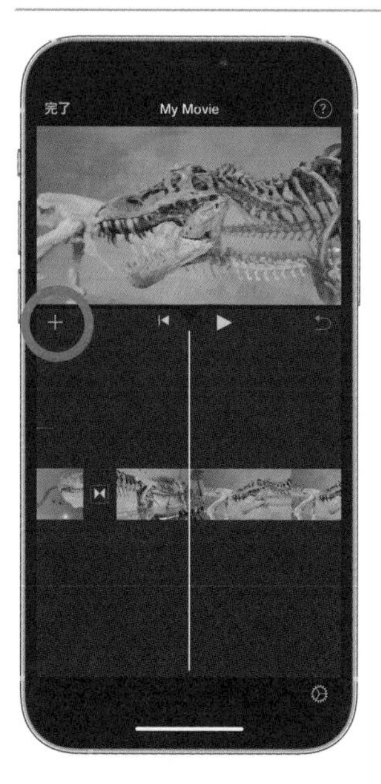

②上に重ねたい素材をタップします

③"…" ボタンをタップします

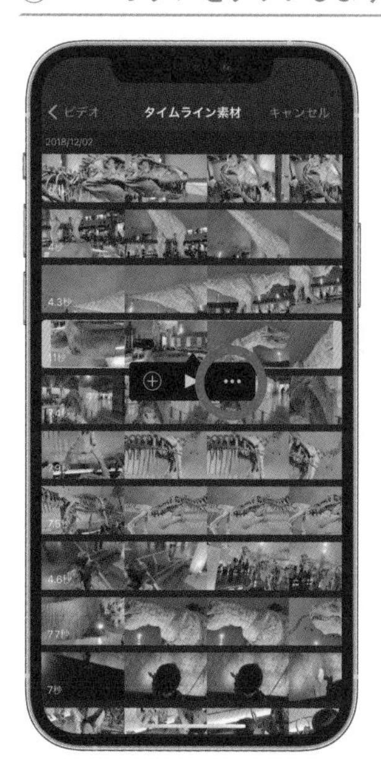

④ピクチャ・イン・ピクチャをタップします

ためになる話

iOS 15 と macOS Monterey を組み合わせると Mac に搭載されている一対のキーボードとマウスを使って他の Mac や iPad を操作できます。これらは設定不要で端末を横に置くだけで機能します（231 ページへ続く）。

⑤素材が重なっていることを確認します

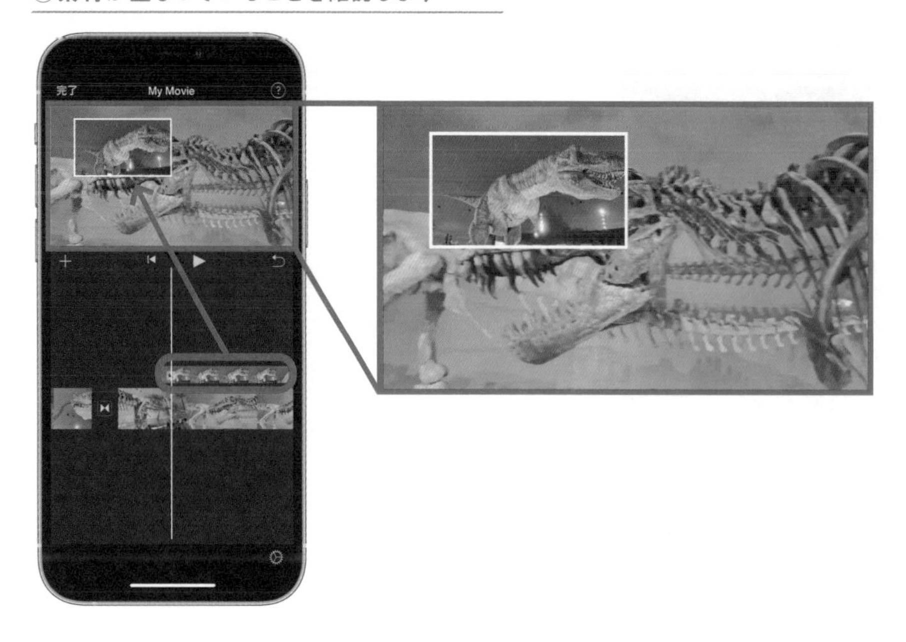

また、ピクチャ・イン・ピクチャの位置や大きさを変えたい、中の大きさを拡大縮小したい、枠線を消したいという場合も簡単に変更することができます。

①ピクチャ・イン・ピクチャのクリップをタップします

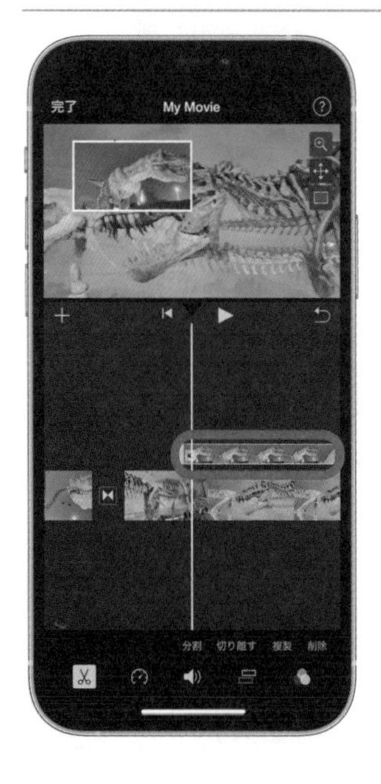

②拡大縮小ボタン、指で中の映像の大きさを変えられます

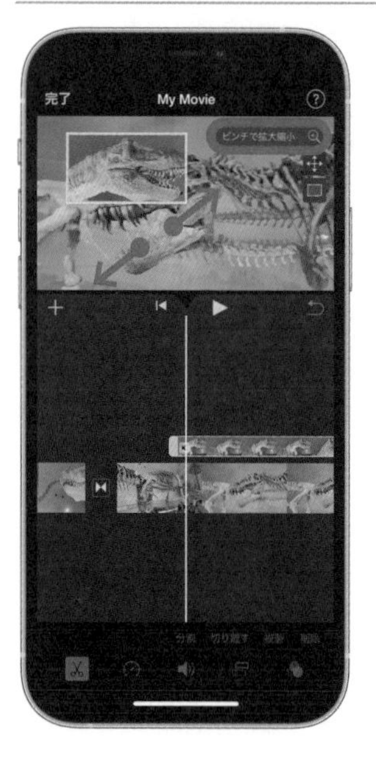

③移動ボタンは、ピクチャ・イン・ピクチャの位置と大きさを変えられます

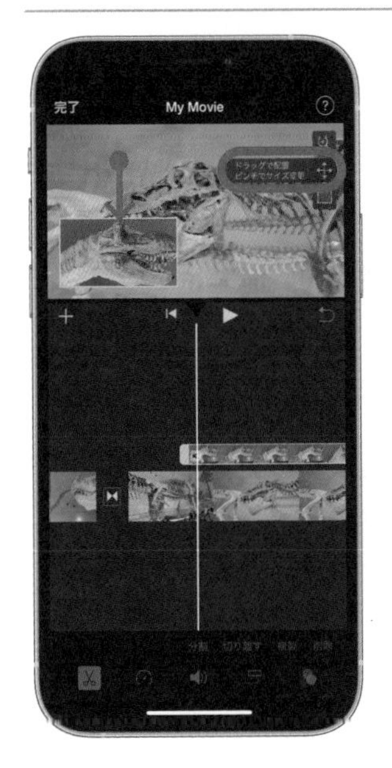

④枠ボタンは、ピクチャ・イン・ピクチャに対して枠の有無を設定できます

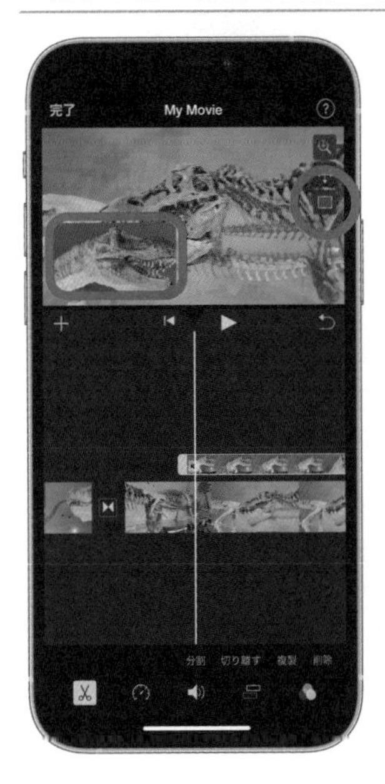

スプリットスクリーン

スプリットスクリーンとは、左右や上下など画面を２分割して２つの映像を再生する表現のことです。

使い方としては、例えば二人の人物が同じ目的に地向かってくる様子を同時に表示するなどの使い方が一般的ではないでしょうか。

これもテレビや映画などの映像作品を見ていると、スプリットスクリーンのような表現を使っている場合がありますので、大変参考になります。

＼ためになる話／

（229ページから）さらに操作だけでなく例えばiPadの写真をマウスでドラッグしてMac上のPagesにドロップすることも可能です。これは１社で全て提供しているAppleだからこそできる究極の連携と言えるでしょう。

①＋ボタンをタップします

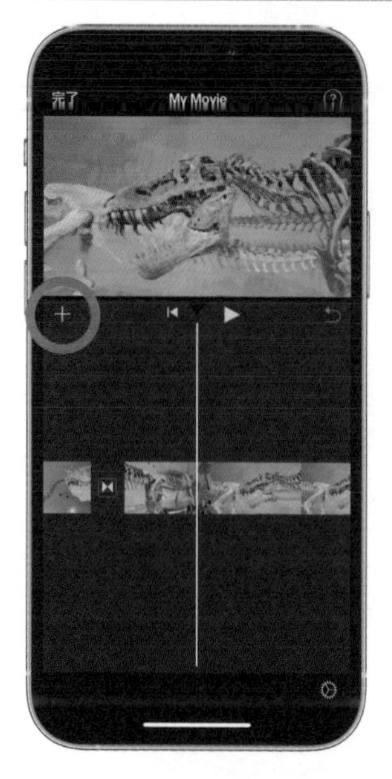

②上に重ねたい素材をタップします

③"…" ボタンをタップします

④スプリットスクリーンをタップします

＼ためになる話／

iOS 15ではWalletに運転免許証を入れることができます。しかしながら、この機能は米国のみの提供となっています。日本では法整備など必要ですがマイナンバーを含めて将来対応されると良いですね。

⑤素材が重なっていることを確認します

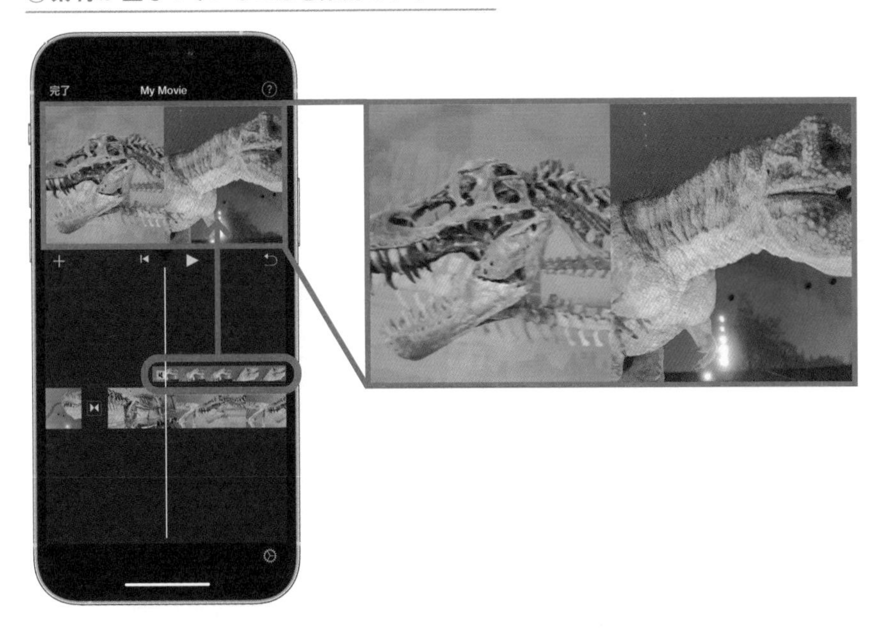

映像の見た目としては主や副の関係はありませんが、タイムライン上では上に乗っている映像があくまで副となりますし、追加された時は副となる動画は音声が消音されていますので、必要に応じて音量を上げましょう。

スプリットスクリーンの動画をタップした後プレビュー画面では、スプリットスクリーンに対する幾つかの設定ができます。

ためになる話

純正マップアプリには都市によって詳細な3Dモデルが用意されている場合があります。これは場所によって異なるため実際に確認しなければわかりませんが、地図を大きく拡大して建物などが表示されれば対応している都市となります。

①スプリットスクリーンのクリップをタップします

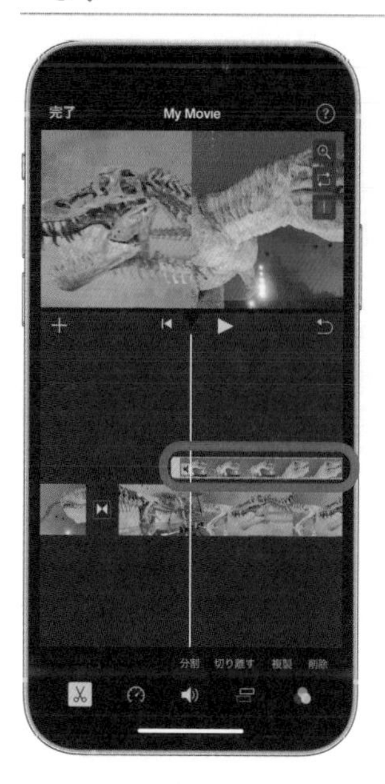

②拡大縮小ボタン、指で中の映像の大きさを変えられます

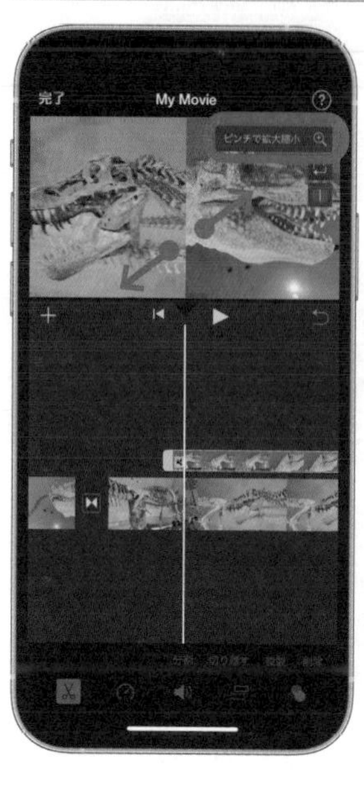

③位置変更ボタンは、スプリットスクリーンの位置を変えられます

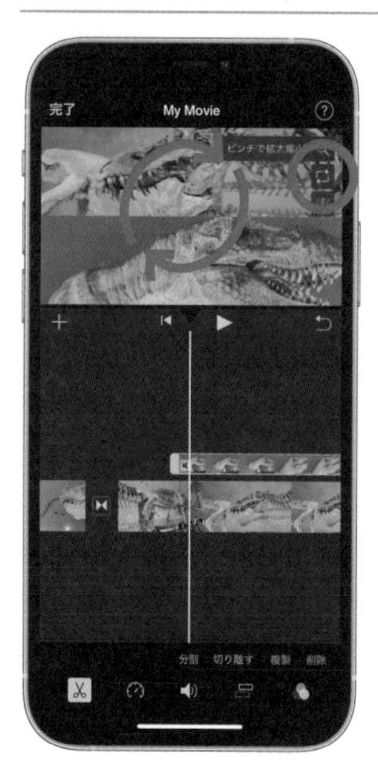

④枠ボタンは、スプリットスクリーンに対して枠の有無を設定できます

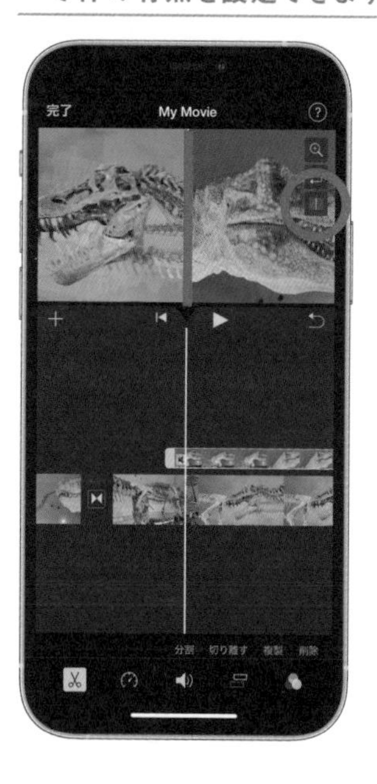

ためになる話

純正マップにはGoogleストリートビューに相当するLook Aroundという機能があります。この特徴はとてもスムーズに動作するということで視点の移動もシームレスに行われるため迷いにくいというメリットがあります。

グリーン/ブルースクリーン

グリーン / ブルースクリーンというのは、背景に緑や青のなどを配置した状態で撮影された映像に対して、緑や青の部分を透明になるように処理、主となる映像に被せた状態にする手法で、合成映像や特撮などで使われてきました。

これは緑や青が肌の色などとは遠く透明にした時に、被写体への影響が少なく綺麗に透明化できるためです。

コンピュータで映像を処理できる以前は、とても敷居の高い特殊効果でしたが今はお手持ちの iPhone でできるようになりました。

▼グリーンスクリーンの実物

グリーンもしくはブルーの背景である必要がありますが、オンライン会議の需要などでグリーンスクリーンなどは非常に安価で購入できるようになりました。

＼ためになる話／

Apple は提携している自動車会社もしくはカーナビメーカー向けに CarPlay という機能を提供しています。車用に iPhone の機能の一部を開放しナビや音楽などドライブ中でも安全に楽しめる工夫がされています。

①＋ボタンをタップします

②背景がグリーン/ブルーの映像をタップします

③"…"ボタンをタップします

④グリーン/ブルースクリーンをタップします

＼ためになる話／

iPhone を車のカーステレオに Bluetooth 接続している場合、車から降りて Bluetooth 接続が切れた場合、車の位置をマップに記録する機能があります。この機能は iPhone 単体で行われ車の現在位置が常にわかるわけではありません。

⑤素材が重なっていることを確認します

特撮をしたい方はなかなかいらっしゃらないかもしれませんが、例えば研修動画などでバックに資料を写しながら全面に自分が立って身振り手振りをつけて解説するというスタイルを作る場合にはとても有用です。

注意点としては、グリーン / ブルースクリーンを背景にする映像は、ピクチャ・イン・ピクチャと違って大きさを変えられないので、最終的に配置したい大きさや位置を考えて撮影する必要があります。

その代わり、なかなか大きなグリーン / ブルースクリーンを用意するのは難しいので、不要な部分をカットする機能が備わっています。

＼ためになる話／

iPadOS 15 にはクイックメモという機能が搭載されました。これは付箋と呼べるべき機能で今画面に映っているものの情報とともにメモを残せます。起動方法は Apple Pencil で画面の右下からスワイプです。

①グリーン/ブルースクリーンのクリップをタップします

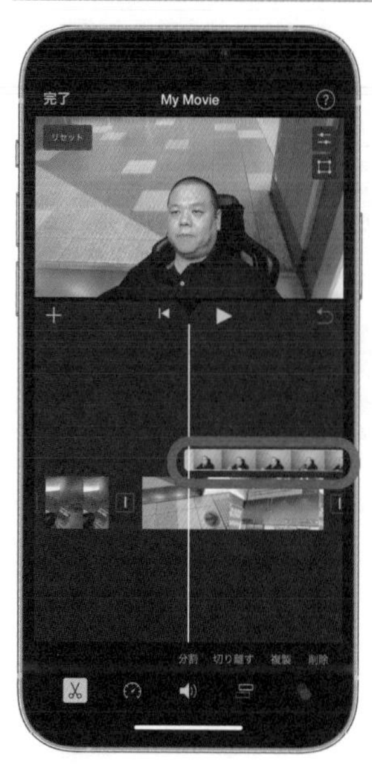

②除外領域選択ボタンをタップします

③四隅の点を移動させて不要な部分を隠しましょう

ためになる話

iPadOS 15 では iOS 14 で搭載されたホーム画面のウィジェット対応や App ライブラリが搭載されるようになりました。これによって iPhone と操作感が統一されるだけでなく iPad の大きな画面を活かしたウィジェットもリリースされます。

さらにiMovieでは緑や青だけでなく特定の色を指定したり、透明化の強度を変えたりすることができます。

①リセットボタンをタップします

②透明にする色をタップして指定します

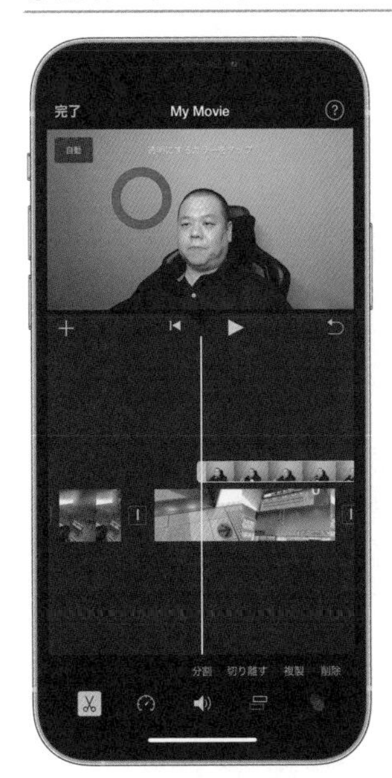

ためになる話

Apple純正アプリには「あなたと共有」というタブが存在しており、これはメッセージなどで家族や友人から共有されたものが表示されます。音楽、動画、写真など各ジャンルごとにタブが用意されています。

③透明になる色が再調整されました

④強度ボタンをタップします

⑤強度を変更して自然に見えるところを探しましょう

＼ためになる話／

iOS 15 の写真では写っている犬や花の品種を AI が判別して検索対象にしてくれる機能があります。AI ですので完璧ではありませんが自動的に判断されていますので引っかかればラッキーだと思って利用してみてください。

オーディオのみ

映像は必要ないが動画の中に含まれている音声のみ主となる映像と一緒に再生したいという場合のために、副となる映像の音声のみを追加することができます。

追加された映像はタイムライン上の映像として追加されるわけではなく、主となる映像の下部に音声のみのタイムラインとして配置されます。

①＋ボタンをタップします

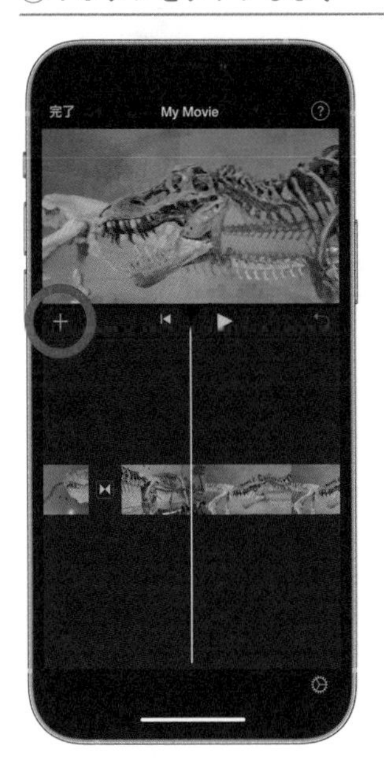

②音声として追加した動画を選択して…ボタンをタップします

ためになる話

iOS 15 の設定にあるプライバシーの設定では、実際にどのサービスがカメラやマイクを利用したのかを細かく表示する機能が搭載されました。またこれらは強調されて見やすく表示されるのでチェックの際には役立ちます。

③オーディオのみをタップします

④動画の音声だけが追加されました

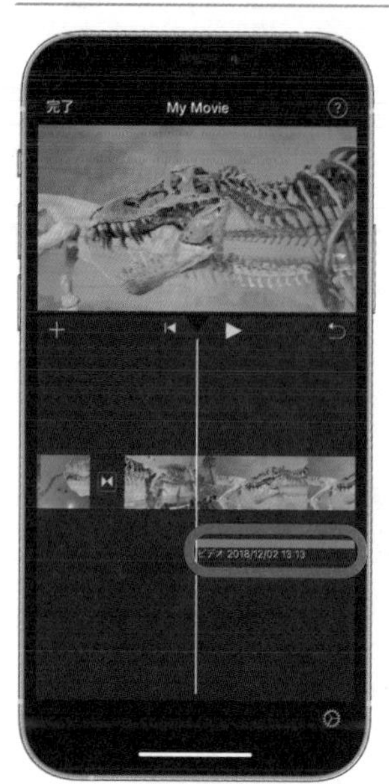

動画から音声を抽出して使う場合に最もメリットがあるのは、後述するアフレコでは収録環境が違うために音声の切り替わりに違和感があるという状況を回避することができる点です。

あとから音声を使いたい場合、動画の撮影後その場を動かずに音声を撮影して、この機能を使って合成すると良いかと思います。

重ね合わせの効果を後から変更する

カットアウェイ、ピクチャ・イン・ピクチャ、スプリットスクリーン、グリーン/ブルースクリーン、これらの効果は相互に変換可能です。

編集中に表現手法を変えたくなった場合は、重ねているクリップを削除することなく変換できます。

＼ためになる話／

iPhone の購入時にはできるだけ Apple 公式の通販を利用することをお勧めしています。端末代金が安いだけでなく買い替えの際にも自由に売却することができます。明朗会計にもなりわかりやすくなります。

①重ね合わせのクリップを選択して切り替えアイコンをタップします

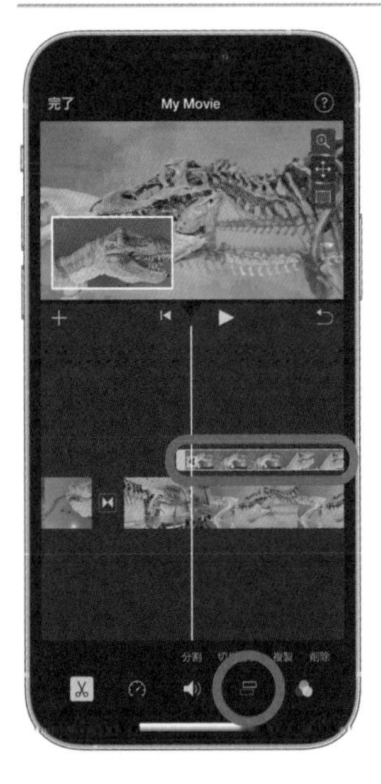

②変換したい効果の名前をタップします

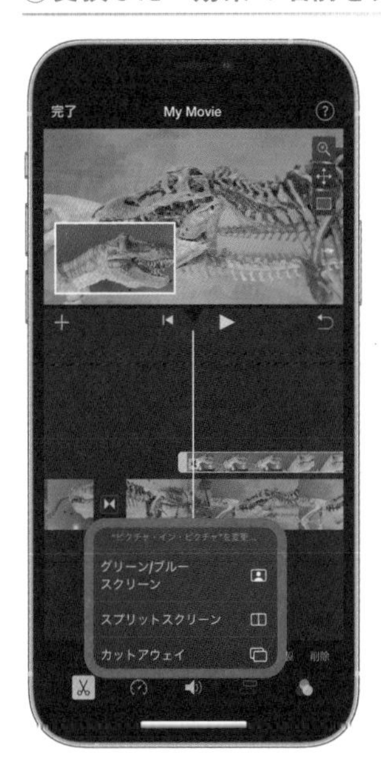

③この例ではピクチャ・イン・ピクチャからスプリットスクリーンに変わりました

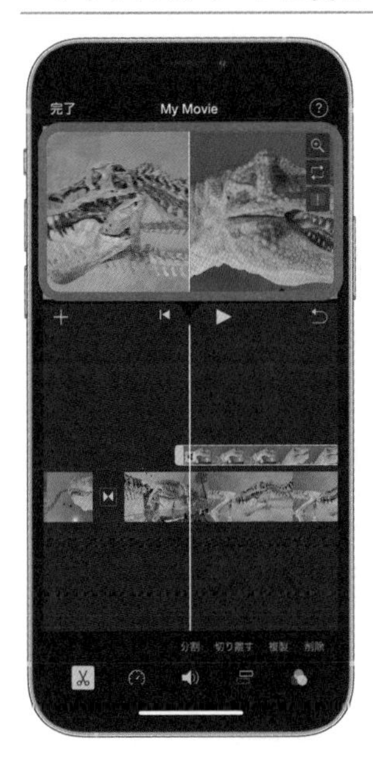

＼ためになる話／

今 iPhone を気に入って使っている方は、ぜひ iPad の導入をお勧めします。持ち運びという意味では iPhone は優れていますがその分画面は小さくなっていますので、より大きな画面により体験もより良いものになります。

音声の挿入

動画の流れや挿入すべき素材など一通り終わったら、音楽や効果音を入れて行きましょう。

iMovieには最初からある程度のBGMや効果音が用意されていますので、まずはその中でやりくりするのが良いかと思います。

もし物足りなくなってきたら、著作権フリーのBGMや効果音を提供しているサイトもありますので、それらの使用を検討するのもよいでしょう。使用に際しては提供するサイトの指示にしたがって使用してください。

BGM

Clipsと同様にiMovieでも非常にたくさんのBGMが用意されています。

しかもAppleが用意したBGMはこれもClipsと同様に動画の長さに合わせて自動的に編曲もしてくれる優れものですので、BGMにはほぼ困らないと思います。

①＋ボタンをタップします

②オーディオをタップします

③サウンドトラックをタップします

④一度も試聴していないデータは名前が灰色ですのでタップします

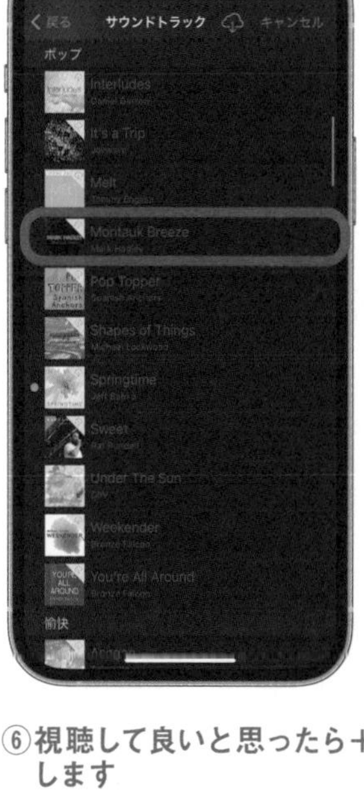

⑤データがダウンロードされ選択可能になったのでタップして試聴します

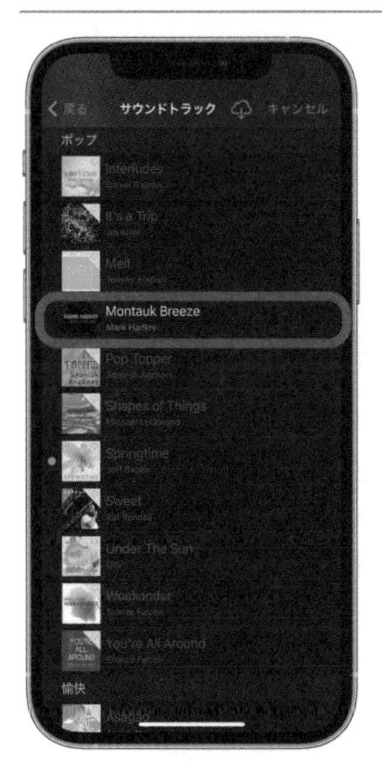

⑥視聴して良いと思ったら＋ボタンをタップします

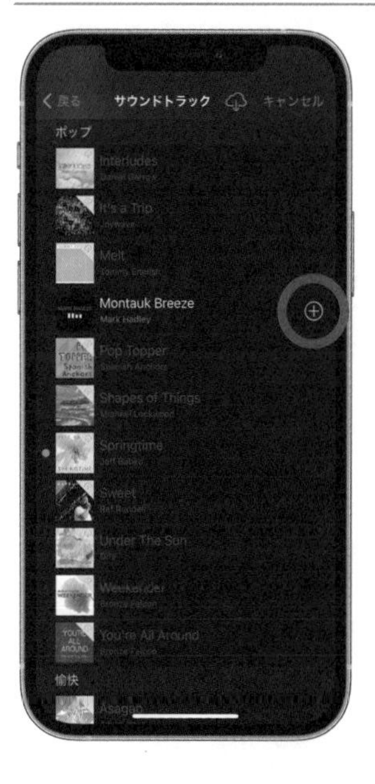

＼ためになる話／

映像コンテンツが好きな方は Apple TV をお勧めします。Apple TV はテレビを iPhone 化するデバイスと言っていいもので、映像コンテンツ系のアプリが豊富に揃っています。iPhone も不要で楽しめます。

⑦BGMが追加されました

⑧終了のタイミングで自動的にBGMも編曲されています

BGMは同時に流れている動画に音声があれば音量は控えめに、音声が消音されている動画では自動的に曲が大きめの音量になります。

①このクリップは音声がないのでBGMが小さくなります

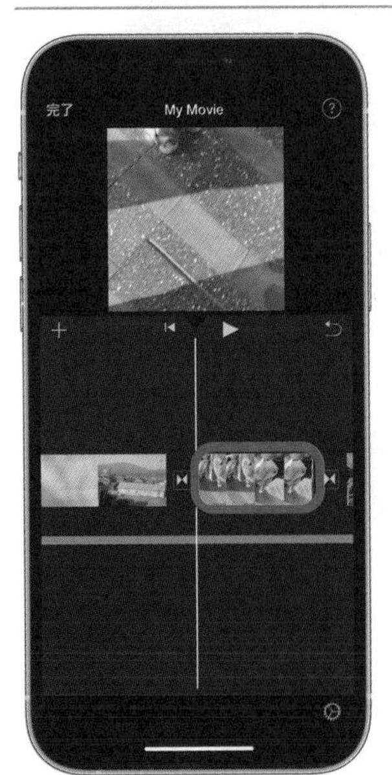

②このクリップは音声があるのでBGMが大きくなります

このようなテクニックを使うようになると動画の前後にはあえて余白を持って撮影したくなってきますので、普段から気をつけておくとより調整しやすくなります。

サウンドエフェクト

サウンドエフェクトはSEや効果音とも言われ、「ピコ！」など短く発せられる音だったりします。

特に日本のバラエティ番組やYouTube動画には多く使われている傾向があり、みなさんが面白いと感じる動画には効果音が使われていて、状況を説明したり、感情を盛り上げるのに使われています。

iMovieで用意されているサウンドエフェクトは数はあまり多くなく、中にはクセの強いものもありますので、上手に使う必要がありますが、中には誰でも聞いたことがあるようなよく使われている音もあったりします。

①＋ボタンをタップします

②オーディオをタップします

＼ためになる話／

iPhoneを鞄に入れて通知が見れない、重要な通知はすぐに確認したいというビジネスマンなどにはApple Watchがオススメです。また健康に気を使いたいと思っている方にもヘルスケア機能が充実しています。

③サウンドエフェクトをタップします

④追加したサウンドをタップして視聴した後、＋ボタンをタップします

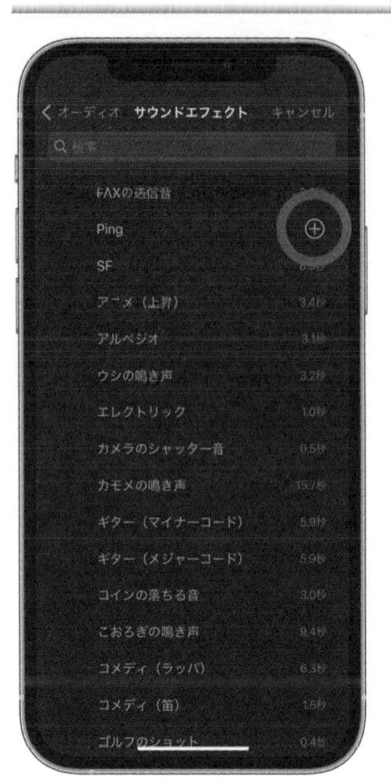

⑤サウンドエフェクトが追加されました

＼ためになる話／

本体が小さい Apple Watch ですが入浴中に充電すればそれ以外は常に装着していても使用できるバッテリーが搭載されています。ほぼ 24 時間所有者のヘルス状態をチェックできるようになりました。

サウンドエフェクトはついつい多用し過ぎてしまい、しかもやればやるほど感覚がわからなくなり違和感に気づきにくくなります。

実際に動画の中で見るべきポイントやアクションが行われているので、そこにさらに音を足すのは表現的に過剰になってしまうことがありますので、注意しましょう。

テレビや熟練の動画投稿者の映像を見ることで加減がわかるかと思いますので、過剰にサウンドエフェクトを入れてしまっているように感じる場合は参考にしてみてください。

アフレコ

商品紹介の動画で商品のアップの時に説明を入れたり、講習用の動画で画面を映しながら解説する音声を流すなど、後から音声を別撮り（アフターレコーディング）して挿入する場合に使用します。アフレコをする場合は、挿入したい箇所に先にタイムラインを合わせた上で、そこに対して音声を録音していくような形になります。

①アフレコを入れたい場所の開始位置で＋ボタンをタップします

②アフレコをタップします

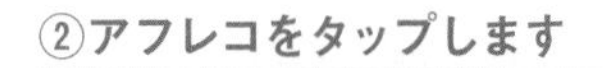

ためになる話

Apple Watchで睡眠管理をする場合、「AutoSleep」というサードパーティ製アプリがオススメです。装着して寝るだけで睡眠の深さを計測できるだけでなく純正ヘルスケアアプリとも連携して睡眠データを管理できます。

③録音ができる状態になったら録音ボタンをタップします

④動画の再生に合わせて音声をiPhoneに吹き込みます

⑤吹き込み終わったら停止をタップします

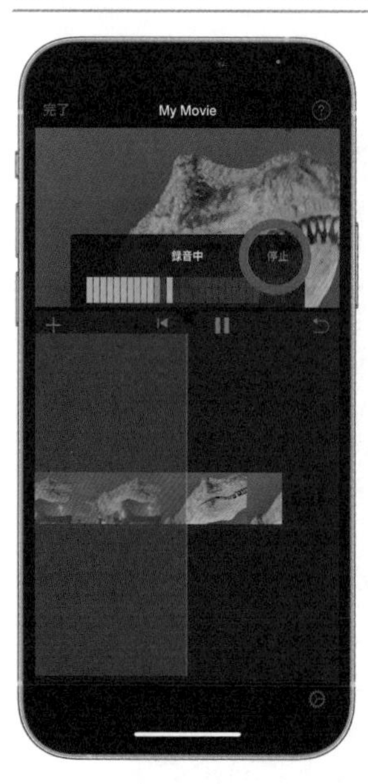

⑥録音が完了しました

＼ためになる話／

コントロールセンターは設定からいろんなアイコンを追加できます。中でもタイマーは長押しすることで簡単に時間設定ができるため急いでタイマーをセットしたい場合は素早く使えますので覚えておくと良いでしょう。

収録が終わったら確認画面が現れます。

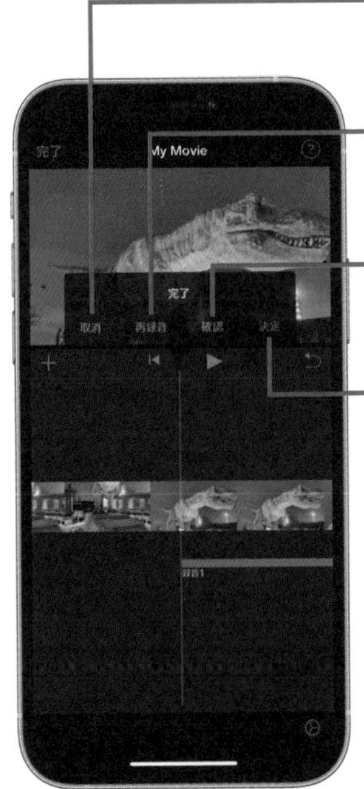

❶取消
録音自体を無かったことにしてアフレコ収録を終了します。

❷再録音
同じ開始位置で再度収録を始めます。言い直したい場合などに使用します。

❸確認
録音した音声が実際にどのように聞こえるか確認できます。

❹決定
確認した音声を採用する場合に選択します。

アフレコは後から取り直せるため、メリットとデメリットがあります。メリットは何度も取り直せることで内容の品質を上げることができます。

一方デメリットは元の動画の音声と録音した環境が違いすぎる場合、聞こえ方に違和感がある場合があります。

違和感が大きすぎる場合は、アフレコではなく動画の中でそのまま採用予定の音声を収録してしまうか、同じ環境のままアフレコをしてしまうという方法で違和感を解消しましょう。

ためになる話

Siri をしっかり活用するためには、決められたセリフで利用する方が使い勝手が良いかと思います。代表的なものとして「6 時に起こして」と言うとアラームが設定できます。Siri に「何ができるの?」と聞けばセリフのリストが表示されます（次ページへ続く）。

12 完成まで突っ走る

タイムラインで編集するときの最大のメリットはタイミングを全て自分で調整できるということにありますので、動画の切り替わり方、音の出方全てにこだわってできる範囲で思い通りに編集していきましょう。

あとはひたすら編集！　編集！

これまでにご紹介した方法を使って、納得行くまでこだわって編集しましょう。

▼ひたすら編集！

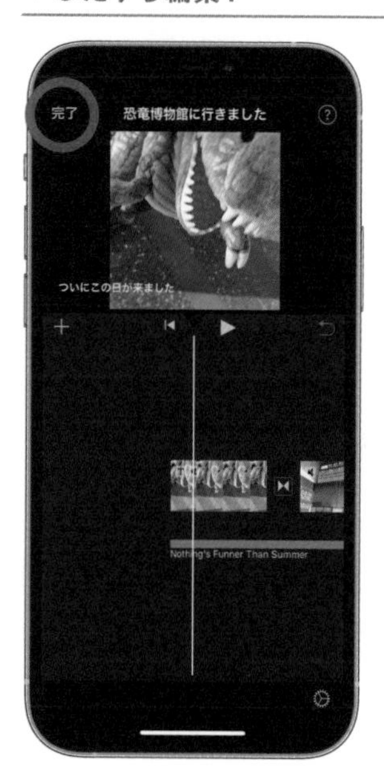

＼ためになる話／

（前ページから）「17時に牛乳を買うをリマインド」ということで17時に通知が来るリマインダーを設定できたり、「メモを追加」と言った後に内容を聞かれますので、そこでメモの内容を伝えれば落ち着いて内容を入力できます（次ページへ続く）。

完成したら書き出そう

すべての編集作業が完了したら完成した動画を書き出します。書き出す際には動画の画質に関する設定も見直しておくと良いでしょう。

動画の書き出し先はもっとも取り回しの良い写真アプリにすると、ほかのアプリを使って簡単に転送や公開ができます。

①完成したら完了ボタンをタップします

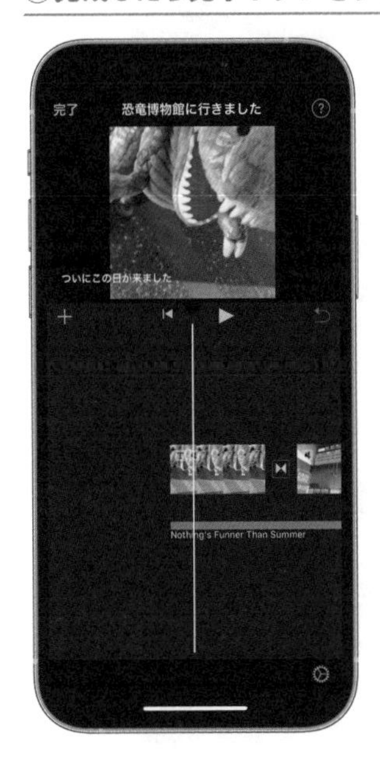

②共有ボタンをタップします

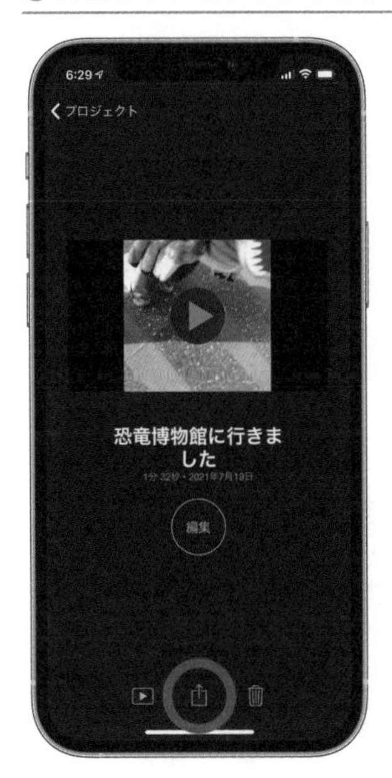

ためになる話

（前ページから）Siriに話しかける時、言い切れない場合もあるかと思います。慣れるまでは「Hey Siri」を使うのではなくホームボタン（Face IDの場合はスリープボタン）を長押しする方法なら押している間はSiriが機能します。

③オプションボタンをタップします

④書き出したい動画の解像度を選択して完了をタップします

⑤ビデオを保存をタップします

⑥書き出しが完了しました

ためになる話

設定→プライバシー→位置情報には、利用頻度の高い場所が記録されている画面が存在してます。自宅や職場などが記録されており、さまざまなアプリがこれらの情報を元に生活の利便性を向上させる機能を提供しています。

⑦写真アプリを立ち上げて確認します

⑧動画が書き出されています

プロジェクトの保管

すべて完成し動画も書き出し終えて、今後もう動画は編集することがない場合はプロジェクトは必要ありませんが、万が一修正がある場合に備えておきたい場合やプロジェクト画面にはもう必要ないが作業記録として保管はしておきたいという場合、プロジェクトを書き出しておくのが良いでしょう。

保管したプロジェクトは再びプロジェクト画面に書き戻し編集することができます。

＼ためになる話／

Safari には標準で Web サイトからの追跡をさせない機能が搭載されており、あなたが何に興味があるのか意図せず知られることがないようになります。設定→ Safari →サイト越えのトラッキングを防ぐをオンにしましょう。

①共有ボタンをタップします

②オプションをタップします

③オプションのタイプをビデオからプロジェクトに変更します

④"ファイル"に保存をタップします

ためになる話

2021年5月に発売されたApple TVでは画面にiPhoneを押し当てることで、iPhoneのカメラや照度センサーなどを使用し画面の色味をもっとも適切な状態に調整してくれる機能があります。

⑤保存先を選択します

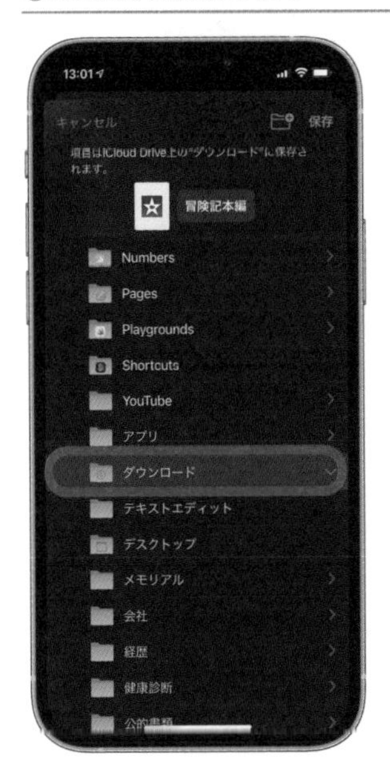

⑥ファイルアプリにプロジェクトが書き出されています

タイムライン編集機能を使って完成した動画を見てみよう！

https://youtu.be/DTAa8Ep7PbU

ためになる話

コントロールセンターにはQRコード読み取り機能を表示するアイコンを表示できますがこのアイコンから読み込まれたページはホーム画面に戻ると消えてしまいます。QRコードを読み取る場合はカメラアプリにかざすのがオススメです。

おわりに

いかがでしたでしょうか。
本書が、周りの多くの人を笑顔にするような動画編集をするためのお役に立てれば幸いです。

私がYouTubeチャンネルを始めたきっかけは、離れて暮らす両親がもつApple製品をもっと楽しく使ってもらいたいという思いからでした。チャンネル開設当初から、両親だけでなく親族ともに応援してもらっていることを知り、本当に感謝しております。

本書を執筆することとなったのは、YouTubeチャンネル『ためになるAppleの話』にて日々動画を視聴していただいた視聴者のみなさんの応援のコメントがあったからだと思っています。お一人お一人にお礼を申し上げます。

本書を執筆する過程では、株式会社FunMakeのスタッフの方々には進捗確認、内容についての感想までいただき、モチベーションの維持まで気を配っていただいたことに大変感謝しております。

本業の医療情報技師、そしてYouTube動画製作の合間で、このような書籍の形にすることはとても難しいことでした。それでも私の所属している病院の同僚やスタッフの皆様の応援のおかげでやり切ることができました。この場を借りてお礼を申し上げます。
執筆や動画配信という過密スケジュールの中、僕の普段の調子や健康のことを心配して、時にはリフレッシュのために話も聞いていただいたKさん、教育現場で学びに触れる刺激でモチベーションを高める機会をいただけたA先生と教員の先生方、多くの方の支えを頂き頑張ることができました。

そして、最後に大切な7歳の息子とその笑顔を支えるママの存在が、本書のみならず全ての活動の原動力になっており、2人の応援なくしてはここまで来れなかったと思っています。
息子には、“パパの後ろの道”ではなくて良いので、自分の好きなこと、自分が良いと思うこと、自分の信じていることに向かって、多くの人の幸せに貢献できる大人になって欲しいと願っています。

みなさま、本当にありがとうございました。

索引　Index

数字

アルファベット

あ行

か行

さ行

た行

は行

ま行

ら行

著者紹介

Taka（タカ）

『ためになるAppleの話』を運営するYouTuber
機能や操作説明にとどまらず、目に見えない設計思想や考え方をわかりやすくプレゼン形式で紹介する手法で、ビジネスパーソンやシニア世代に好評を得ている。

外資系PCメーカーに4年勤務。その後14年間PC/スマホ向けオンラインゲームの開発ディレクターを務める。現在は医療情報技師として病院内の情報システム管理を通じて“IT×医療”のさらなる発展に努めながら、YouTubeチャンネル『ためになるAppleの話』を運営するYouTuber（株式会社FunMake所属）。

■カバー・イラスト
mammoth.

これ1冊でOK！　iPhoneだけで今すぐはじめる動画編集

発行日　2021年 11月 4日　　第1版第1刷

著　者　Taka

発行者　斉藤　和邦
発行所　株式会社　秀和システム
〒135-0016
東京都江東区東陽2-4-2　新宮ビル2F
Tel 03-6264-3105（販売）　Fax 03-6264-3094
印刷所　三松堂印刷株式会社　　Printed in Japan

ISBN978-4-7980-6479-6 C3055

定価はカバーに表示してあります。
乱丁本・落丁本はお取りかえいたします。
本書に関するご質問については、ご質問の内容と住所、氏名、電話番号を明記のうえ、当社編集部宛FAXまたは書面にてお送りください。お電話によるご質問は受け付けておりませんのであらかじめご了承ください。